一起玩艺术

创意珠饰工坊

[美]海瑟·波尔斯 著
陶尚芸 译

上海人民美術出版社

一起玩艺术

创意珠饰工坊

[美] 海瑟·波尔斯 著

陶尚芸 译

52个用聚合物粘土、塑料、纸张、石头、木材、

纤维和金属丝制作珠子的探索实验

图书在版编目（CIP）数据

一起玩艺术 ： 创意珠饰工坊 / （美）海瑟·波尔斯著 ；
陶尚芸译. -- 上海 ： 上海人民美术出版社，2023.9
书名原文：BEAD MAKING LAB
ISBN 978-7-5586-2768-2

Ⅰ. ①一… Ⅱ. ①海… ②陶… Ⅲ. ①手工艺品—制
作 Ⅳ. ①TS973.5

中国国家版本馆CIP数据核字(2023)第161764号

原版书名：Bead Making Lab
原作者名：Heather Powers

合同登记号：图字：09-2023-0692

一起玩艺术

创意珠饰工坊

著　　者：[美] 海瑟·波尔斯
译　　者：陶尚芸
责任编辑：潘志明　张维辰
版权经理：周燕琼
图文整理：熊　骁
装帧设计：钟　悦
封面设计：林　晨
技术编辑：史　湧
出版发行：上海人民美術出版社
（上海市闵行区号景路 159 弄 A 座 7F）
印　　刷：广东省博罗园洲勤达印务有限公司
开　　本：700×910 1/12 12 印张
版　　次：2023 年 10 月第 1 版
印　　次：2023 年 10 月第 1 次
书　　号：ISBN 978-7-5586-2768-2
定　　价：88.00 元

本书献给那些了不起的制珠师和珠宝设计师们，是他们给我的生活增光添彩。感谢你们多年来的鼓舞、支持和帮助。

特别感谢珠艺布景工作室曾经的参与者和现在的工作人员们，是你们帮助传播手工珠和工匠珠的制作方法，分享我的所有与珠子相关的趣事。

很爱很爱我的家人，感谢你们的鼎力支持！我辛勤的丈夫杰西，我的女儿汉娜和伊万杰琳，谢谢你们！衷心感谢我的拉拉队们：妈妈和罗珊。如果没有你们的鼓励和爱，我真不知道该怎么办！

目 录

单元 03

塑料

单元 04

后院里的“珍宝”

单元 05

纤维和纺织品

单元 06

钢丝

内容导读

20多年前，我偶然发现了一家小商店，里面陈列着水晶和其他收藏品，我在其中看到了珠子！我无法解释当时发生了什么，也许，那就是“一见钟情”吧。我突然被这些亮晶晶的“小东西”给迷住了！

我突然意识到，这是一个充满珠子的世界。接着，我花了几个小时在我们艺术学校的图书馆里钻研相关书籍，找到了满是手工珠的古老样本。我阅读了《装饰品》之类展示现代艺术创作材料的前沿杂志，研究了图书馆里为数不多的制珠类书籍。我深深地陷入了“恋珠情结”，尽可能地吸收“珠子世界”的一切知识。

没过多久，我就被自己亲手制珠的想法迷得神魂颠倒。我发现了技术含量低、颜色丰富的“软陶世界”，从那以后，我就一直自己制作软陶珠子。我现在靠卖手工制作的艺术珠为生。

我喜欢这样！只需要一些基本的材料，就可以创造出各式各样的珠宝，而这些式样只会受到自己想象力的约束。本书涵盖了很多从工艺品商店和五金店

都可以找到的制珠材料。我探索了各种各样的制珠方法，只需简单的工具和工艺材料就可以完成。本书中的实验课只是你爱上制作手工珠子的起点，我希望，这些课程可以激发你的想象力，让你更深入地挖掘和探索琳琅满目的“珠子世界”。

如何使用本书

书中的每一个实验都是一堂独立课。你可以把本书当作制珠教程来阅读和学习，或者尝试吸引你眼球的新材料。在使用新材料之前，你可以查看每个单元的基础知识，获得有价值的指南。在进行实验之前一定要仔细阅读行动指南，因为有些步骤没有在图片中显示。在本书中，你会发现专业艺术家用类似材料制作珠子的实例。我列举了四位艺术家，他们用各种材料制作独特的组合型首饰。在每个单元开始时，你会发现一个珠宝画廊，这就是我的52堂实验课的成果。在这里，你会学到让珠子变成首饰的许多奇妙方法。

无论你是刚刚开始恋珠，还是展开一段持久的“人珠之恋”，我希望，当你花了一年的时间去探索制珠实验课后，能得到充分的启迪和感观享受。

——海瑟·波尔斯

制珠工具

钳子和钢丝钳

圆头锤和台座

通用工艺工具

你可以在手工艺和制珠设备中轻而易举地找到许多这样的工具。大多数在任何工艺品商店都能买到，还有可能需要去一趟五金店。

珠宝首饰工具

· 圆嘴钳：用来把钢丝弯曲成线圈。

· 链嘴钳和扁嘴钳：用来弯曲钢丝，打开卡簧，抓住小物件。

· 钢丝钳：可以与有平面的平刃刀具配合使用，精确地切断钢丝。切割钢索需要重型切割器或记忆切割机。

· 圆头锤：这种锤子一面平、一面圆，用于压平钢丝，使金属具有浮凸结构。

· 台座：利用台座和圆头锤一起用来敲扁钢丝。

通用工艺工具

· 打孔机、剪刀和工艺刀

· 橡皮图章和饼干模具

· 合成纤维软画笔，适用于亚克力或水彩颜料

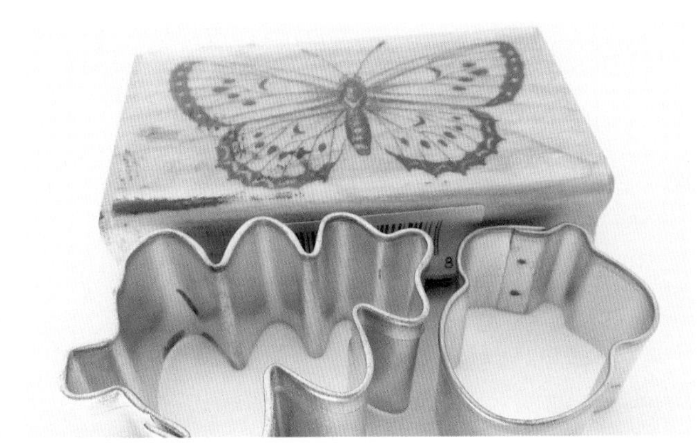

冲压塑形工具

制毡和缝纫

· 泡棉砖：请使用合成的厨房海绵或者高密度的海绵泡沫。

· 制毡针：这些长而锋利的针头用来抓取和扣紧纤维。

· 缝纫针和串珠针：串珠针的头很细。粗一点的缝纫针和绣花线一起使用。大型编织针可以用来塑造软陶塑的形状。

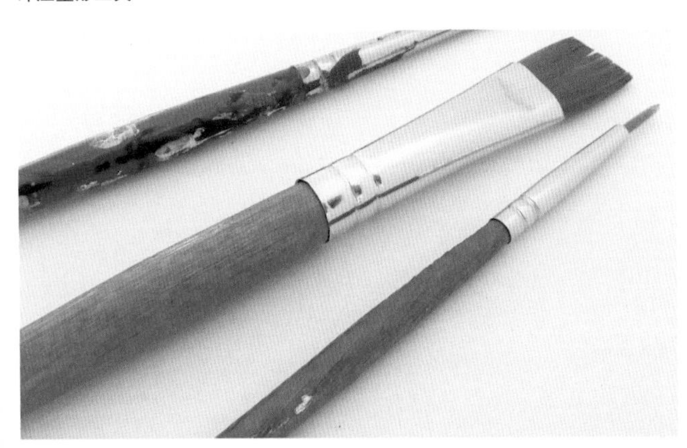

画笔

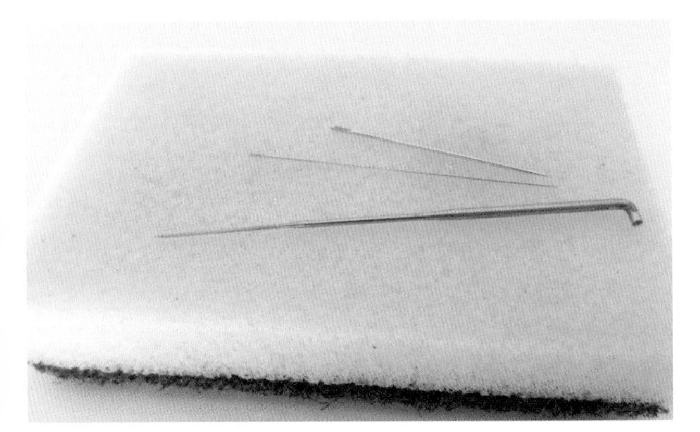

泡棉砖、制毡针和缝纫针

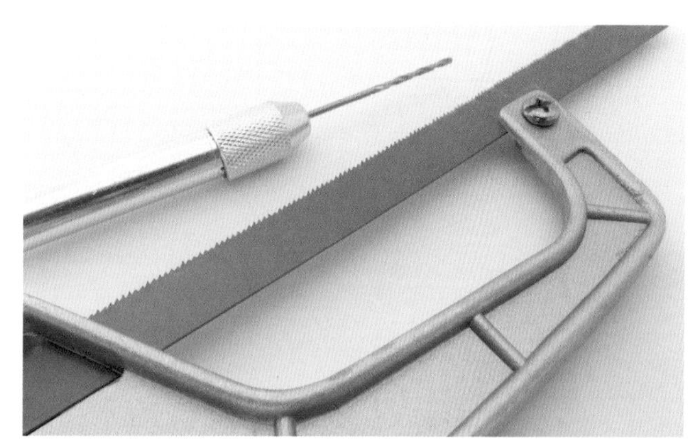

虎钳钻和迷你钢锯

热压花工具和旋转锉

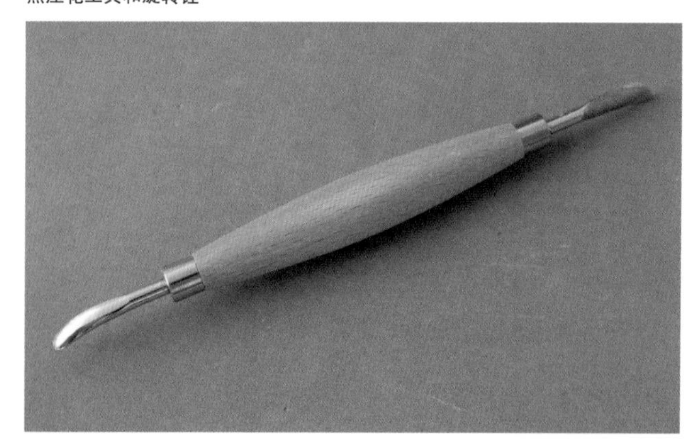

皮革勺和塑形工具

专用工具

· 迷你钢锯：用来锯木头和小树枝。

· 虎钳钻：这种手动微型钻头用于在较软的材料上打孔，如木材和软陶。

· 旋转锉、砂带、钻头和金刚石钻头：使用1.5毫米或2毫米厚的金刚石钻头钻较硬的材料，如玻璃和石头。使用240目砂带和2毫米钻头，更容易制珠。本书中所有实验使用的旋转锉都设置成了最慢的速度。

· 热压花工具：使用这种剪贴工具固化涂料和融化压花粉。

· 泡棉砖：利用泡棉砖把珠子固定住，等待它们变干。

· 模压腻子：使用这种双模具材料，用纽扣和天然材料制作印痕。

· 皮革勺和塑形工具：塑形部分看起来像一种能把线条变成皮革的钝刀，勺子可以在皮革上压印各种花纹和图案。

擀泥机，雕刻工具，纸巾刀，压克力滚筒

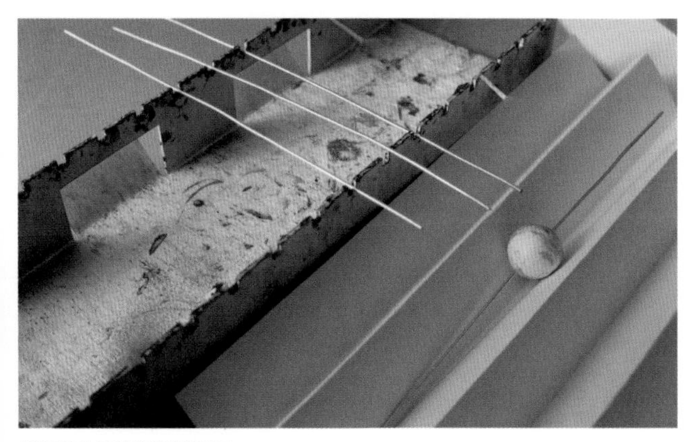
镀锌钢丝芯轴和钢丝圈架

软陶工具和材料

· 擀泥机或陶泥机——它可以把陶泥碾成薄而均匀的薄片。

· 切割刀片——使用10.2厘米长的薄刀片切割软陶。

· 雕刻工具——带圆点的铁笔是很好的珠子雕刻工具，一根粗针也可以。

· 亚克力滚筒——用它来压平和塑造陶泥，它可以代替擀泥机使用。

· 半透明液态软陶——可以把它刷在上面，用作软陶的凝胶。

· 微晶蜡——我一直用文艺复兴蜡，这是这本书中唯一需要在网上订购的材料。没有一种替代品能起到同样的作用。一个小容器可以存放很长时间。它是软陶的完美抛光，为表面处理提供保护。使用非常薄的涂层以避免混浊。蜡会随着你手指的温度融化。用手指涂抹，用软布擦拭。

· 钢丝圈架——这是专门出售软陶的货架。这根板条将珠子固定在钢丝上，这样就可以在不接触平底锅的情况下烘烤了。如果你没有钢丝圈架，你可以用碎陶泥制作托架，以防止珠子和钢丝接触烤盘。一张手风琴式折纸也可以。把纸折叠起来，放在平底锅上，然后把珠子放在珠子芯轴（见下一条）上，在纸的褶皱处烘烤。

· 珠子芯轴——为此你需要18号镀锌钢丝。把钢丝切成10.2厘米和20.3厘米的长度。用链嘴钳将钢丝拉直，制成自己的珠子芯轴，用于在珠子上戳洞，在珠子烘焙时支撑珠子，在珠子干燥时固定珠子。镀锌钢丝是一种非常坚硬的金属丝，在五金商店可以买到。可以使用重型钢丝钳来修剪它。

单元 01

陶泥

陶泥的基础知识

到目前为止，软陶泥是我最喜欢的制珠材料。它很轻，可以模仿各种不同材质，而且颜色也很丰富。但软陶泥必须在玻璃、瓷砖或亚克力表面上进行操作，否则它会毁了木制桌面。

在使用之前，将软陶泥捏紧并反复折叠几次，直到它具有可塑性。

烘焙软陶珠子时，请遵照制造商的指示，并用烤箱温度计记录你的烘焙时间。软陶燃烧时会释放有毒气体。如果你在自家厨房用烤箱烘焙软陶，一定要用箔纸轻轻地盖住，并在锅底放一张纸，防止软陶上出现发亮的斑点。

切勿使用厨房用具处理软陶，一旦你这样做了，这些用具就不能再用来处理食物了。记得把软陶放在阴凉干燥的地方，用袋子或蜡纸包好。

制作风干陶泥比制作软陶更难。风干比较耗时，需要耐心等待。不过，在打磨表面后，风干陶泥就会像陶瓷一样光滑，且持久耐用，是制作小珠子的理想材料。

一定要用手指捏紧和折叠软陶泥，并打磨好，这样可以充分释放软陶泥中的水分，使其表面更加光滑。制作珠子时，适量地捏下一丁点儿，其余密封在袋子里，避免受潮。

LAB 01 五彩拉花粉饰珠

工具和材料

- 白色软陶（我只推荐雕塑用的舒芙蕾模具或普莱默元件）
- 亚克力滚筒
- 18号镀锌长钢丝，长10.2厘米
- 烤盘
- 干湿两用400目汽车打磨砂纸
- 永久性古铜色颜料（见下面的备注）
- 蜡纸
- 画笔
- 热压花工具
- 复印机
- 2B铅笔
- 带小“V”形刀的油毡切割机
- 微晶蜡（我用的是文艺复兴蜡）

备注

在工艺品商店里可以买到小瓶的永久性古铜色涂料，我用的是复古包浆涂料。

这些软陶珠子借用了一种叫作“五彩拉花”陶器粉饰技术，也就是在颜料表面雕刻出图的设计。这种技术需要使用复印机和热压花工具，任何剪贴工具店铺均有售卖。

1.打磨软陶泥。用手掌搓一个直径为2.5厘米的泥球。将球放在工作台上，用亚克力筒轻轻将其压平。接着把珠子翻过来，再滚压一次，厚度至少为6毫米（图1）。

2.用钢丝在珠子上纵向戳一个洞。将珠子放在烤盘上，按照操作说明书进行烘焙。着把珠子从烤箱中取出来，冷却。最后用砂纸把珠子的表面打磨光滑。

3.在一小张蜡纸上滴一两滴颜料，并在珠子的一边刷上一层薄薄且均匀的颜料。等干后，把它们翻过来，在另一边刷上颜料。晾干后，在珠子的侧面刷上颜料。重刚才的动作，把它们再涂上一层铜绿漆。最后用手指在珠子的两边涂上一层薄薄蜡，从而起到保护的效果。

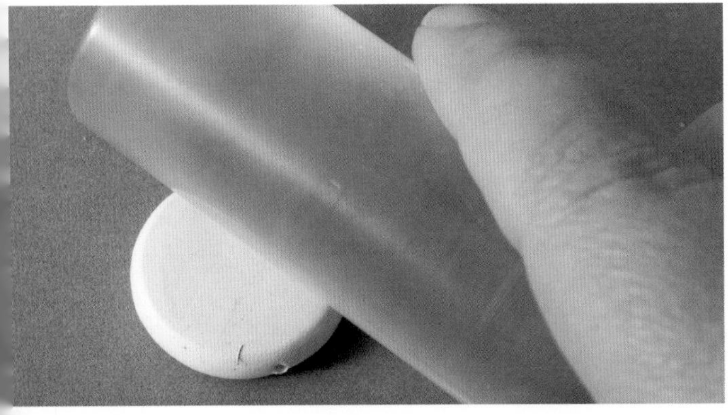

图1

图2

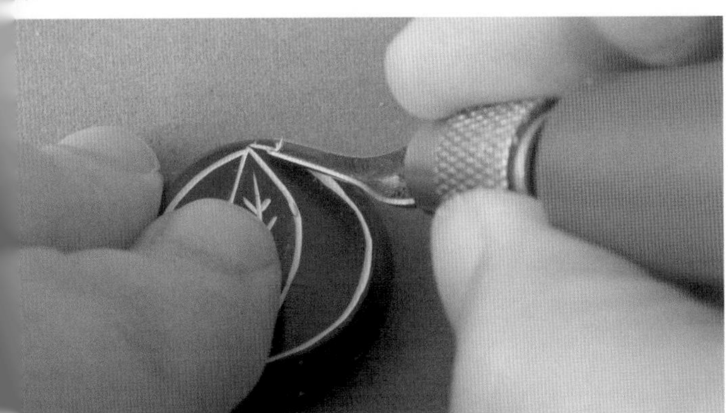

图3

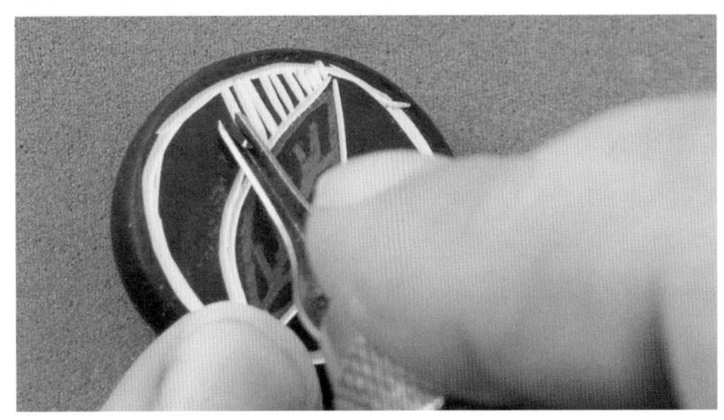

图4

4.用压花工具加热每一颗珠子，一次加热一面，用时10～15秒。将加热工具保持在距离珠子5～6厘米的地方，不要让珠子变得过热。加热后等珠子冷却，再翻过来加热另一面。

5.复印第16页的叶子。剪下图像，把它正面朝下，然后用铅笔在图像背面摩擦，使其成为均匀的石墨外壳（图2）。

6.把图像放在珠子上面，石墨面朝下。把纸牢牢地固定在合适的地方。用铅笔将图案牢牢地描在珠子上，接着把纸放在一边。

7.用油毡切割刀在图案的轮廓周围雕刻出小小的、浅浅的切口，从中心开始，向外扩展。沿着珠子的顶部雕刻，留下一个小边（图3）。

8.回到中心，画出线条来增加纹理。边画边转动珠子，增加设计的趣味性。如果需要的话，在珠子的另一边重复此步骤（图4）。

安全小提示

雕刻珠子时，要有耐心。一定要把珠子放在底座上，此外，安全使用雕刻刀，千万不要把你的手指给弄伤了。

LAB 02 渐变色珠子

工具和材料

- 两种对比色的软陶（我用了白玉色舒芙蕾模具或普莱默元件）
- 亚克力滚筒
- 擀泥机
- 切割刀片
- 18号镀锌长钢丝，长10.2厘米
- 烤盘
- 干湿两用400目和800目汽车打磨砂纸
- 浅盘（选配）
- 微晶蜡（我用的是文艺复兴蜡，选配）
- 柔软的棉布或毛巾

小提示

为了达到最佳的混合效果，我推荐使用擀泥机。

制作软陶珠子的绝妙方法就是色阶叠晕染法，称为“斯金纳搅和法”，最初由朱迪思·斯金纳开发。这个技术不费吹灰之力就达到了完美的暗影效果，可以在七色彩虹中逐一尝试。如果选择两种颜色，请确保两者之间的对比度要高（非常亮和非常暗），才能最好地展现效果。

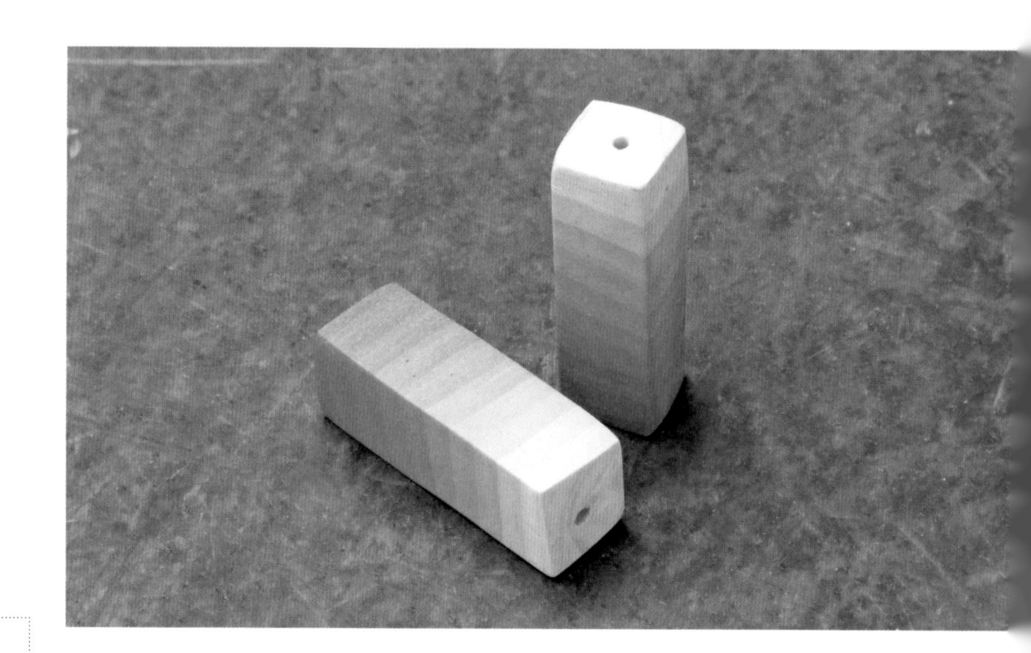

1. 每种颜色的软陶都要准备半块。用手把第一种颜色的软陶捏成一个厚厚的矩形块然后放进擀泥机，厚度设置调到最高等级。取出第二种颜色的软陶，重复同样的步骤。最后把两种软陶并排放在工作台上。修剪边缘，使两个矩形块的大小相同。

2. 选择其中一个矩形块。用切割刀片将矩形对角切成两半，形成两个直角三角形。然后将它们均匀地堆叠（图1）。

3. 将两个堆叠的三角形相邻放置，形成一个双色矩形。确保其接缝处闭合完整。

图1

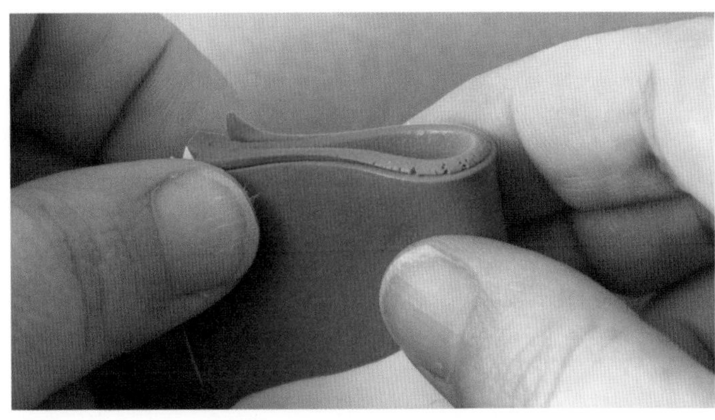

图2

图3

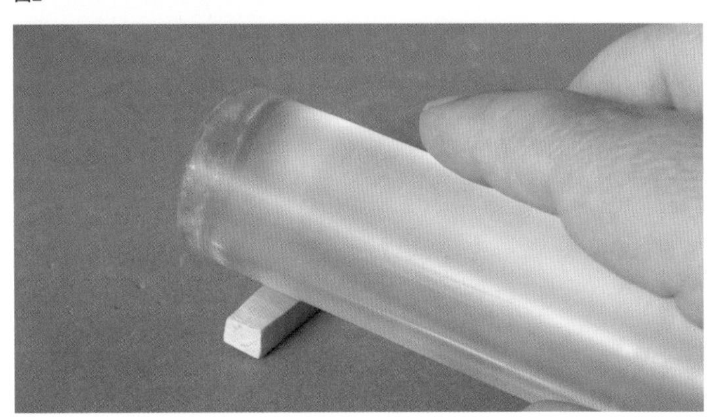

图4

4.将擀泥机的厚度调到最高等级。小心地拿起双色矩形，放进擀泥机。再把软陶对折，使两个短边对齐（图2）。

5.重复步骤4，直到软陶充分搅和。可能需要10～15次才能混合均匀。碾压过的软陶每次搅和后都会变宽。

6.把混合好的软陶放在工作台上。用刀片切出软陶的边缘。再把软陶切成6毫米宽的条状。把长条切成方块，把方块堆叠成大约2.5厘米的高度（图3）。

7.手指轻压软陶叠堆，使方块粘在一起。用亚克力滚筒在软陶的四周轻轻地滚动，将矩形塑造成珠子形状。滚动的时候轻一点，不需要太大的力气（图4）。

8.让珠子凝固15～20分钟后再继续。用钢丝在每颗珠子上纵向戳出一个洞。用钢丝戳珠子时，手指同时轻轻按住珠子。刚穿过珠子的一半时，取出钢丝，再从另一边戳进去，直到打通孔道。

9.按照操作说明书，把这些珠子放在烤盘上烘烤，接着等待珠子冷却。

10.打磨珠子，在浅盘底部铺上一张400目的砂纸，再倒入6毫米深的水，把珠子放在砂纸上摩擦。再换成800目的砂纸，重复这个步骤，等待珠子晾干。最后在珠子表面擦上一层薄薄的蜡，用柔软的棉布或毛巾擦亮。

LAB 03 切面圆珠

好好摆弄这些珠子，创意设计各种各样的首饰。

工具和材料

- → 软陶（我在海玻璃、青柠派、胆矾中使用了舒芙蕾模具）
- → 18号镀锌长钢丝，长10.2厘米
- → 烤盘
- → 美工刀
- → 干湿两用400目汽车打磨砂纸
- → 微晶蜡（我用的是文艺复兴蜡）
- → 柔软的棉布或毛巾

1. 准备好软陶泥，搓出一个直径为2.5厘米的泥球。重复这个步骤，你想做多少珠就搓多少个泥球。用钢丝在珠子上戳一个洞。把它们放在烤盘上，按照操作说明进行烘烤，取出后等待珠子完全冷却（图1）。

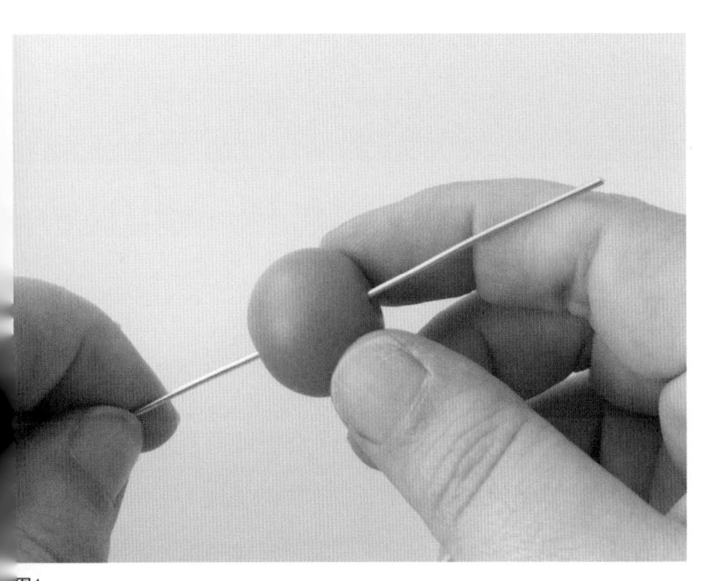

图1

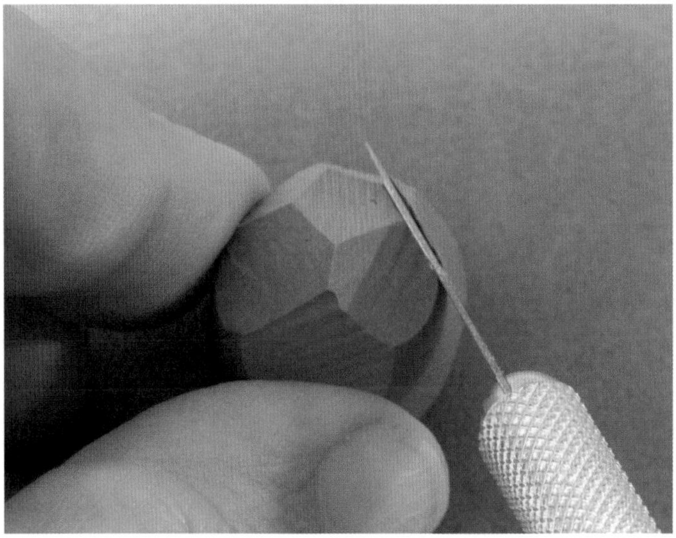

图2

2.把珠子稳稳地放在工作台上。用美工刀从珠子上切下一小块，从顶部开始向下切。把珠子稍微转一下，在第一个切口旁边切下另一小块。继续切割，旋转珠子，形成一个多面的表面（图2）。

3.用细砂纸打磨这些小平面的边缘，并在珠子表面涂上蜡，最后，用柔软的棉布或毛巾擦亮（图3）。

图3

LAB 04 俄罗斯套娃串珠
（雕刻与绘画）

工具和材料

- 白色软陶（我用的是美国土3号）
- 亚克力滚筒
- 擀泥机
- 缝衣针或笔尖光滑的钢笔
- 5厘米头针
- 烤盘
- 水
- 亚克力工艺颜料，磨砂或缎面抛光
- 纸巾

备注

选择三四种颜色的织物。脸庞是肉色，脸颊是粉红色，头发是原始的棕褐色，仿照俄罗斯套娃模样去制作。

这些小小的套娃珠子很迷人，很有创意。用笔尖光滑的笔在织物和面部画出图案。制作不同尺寸的珠子，然后搭配成好玩的手镯或吊坠。

1. 放一块软陶泥在手掌中滚动，搓出一个直径为6～16毫米的泥球。

2. 在双手之间来回搓动泥球，搓成椭圆形。在椭圆形泥球的顶部塑造出娃娃的头部，在椭圆形泥球的正面和背面用手指压平（图1）。

3. 把珠子放在工作台上，用亚克力滚筒将珠子均匀地碾平，把扁平的珠子翻过来，另一面上也轻轻地滚动。扁平珠子应该是4.8毫米厚。

4.用笔尖在扁平面的上方轻轻画出一个圆，接着是脸和衣服图案。画两条眉毛曲线，在每条眉毛下面居中的位置戳一个点，表示眼睛。画一条微小的曲线，表示鼻子。画一条上翘的微小曲线，表示嘴巴（图2）。

5.将手帕画在脸下方，再画一条弧线，横穿这个珠子和两个中间相接的细长椭圆。画一条穿过身体中间的曲线，在这条线下面画一个小矩形，表示围裙。

6.给娃娃的衣服添加图案，用笔在相同间隔的地方戳出圆点。花朵是略不规则的圆圈，中间有一个点。

7.用针头在珠子上纵向戳出一个洞。把珠子放在烤盘上进行烘烤。烤完取出珠子，等待完全冷却。

8.先把画笔稍微弄湿，然后再蘸颜料。在珠子的每个部分都涂上一层薄薄的颜色，表现出不同织物的颜色。在脸部涂上肤色，并晾干1小时（图3）。

9.在珠子表面裹上一层未加工的棕土，涂上颜料后立即用纸巾擦除，类似古董珠子的感觉，最后给娃娃的头发刷上一点点棕色（图4）。

10.在脸颊上画两个粉红色的小点，然后用指尖轻拍，擦掉一些颜料。珠子晾干几个小时后就可以把它们制作成首饰了。

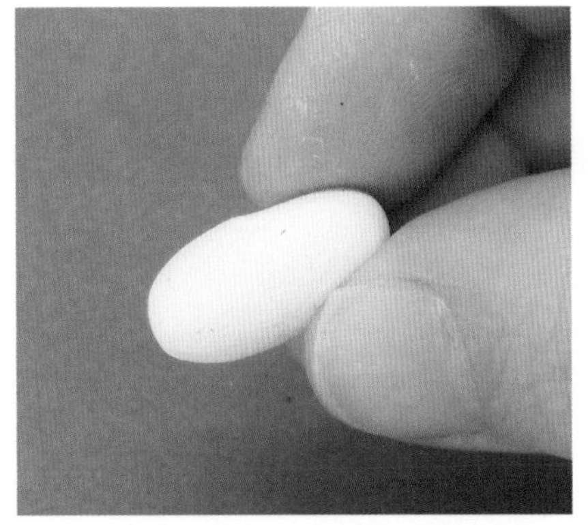

图1

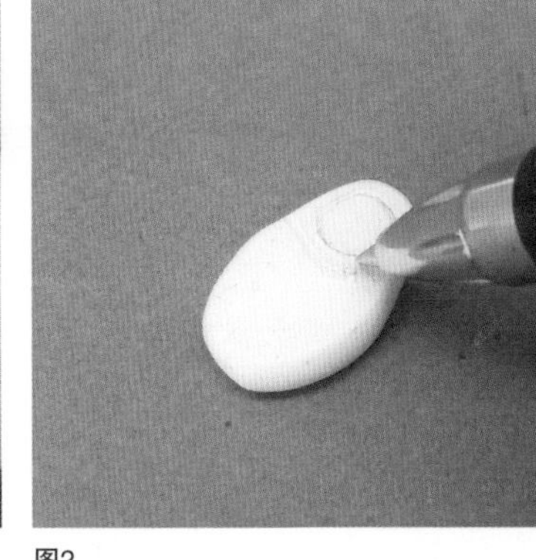

图2

图3

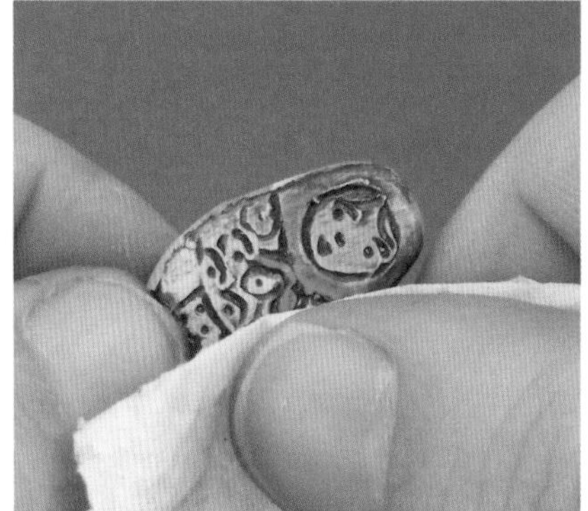

图4

明星设计师：
◇ 海瑟·米利肯 ◇

“迷人的酒窝”珠子艺术家海瑟·米利肯创造了用棕色颜料制造的仿古软陶刻字珠，就像我们实验项目中的套娃珠一样。

LAB 05 旋转弹珠

工具和材料

- 白色软陶（我用的是美国土3号）
- 18号镀锌钢丝
- 珠子架或折叠成手风琴形状的纸（见下方的小提示）
- 烤盘
- 干湿两用800目汽车打磨砂纸
- 婴儿润肤油
- 纸杯或小罐子
- 酒精油墨
- 纸巾
- 肥皂
- 水

小提示

我推荐这个实验使用美国土3号。烘烤时，这种土的表面是多孔的，而且，它能漂亮地提取颜料。

大理石纹加工法是一种古老的技术，通常用于纸张。它是通过将颜料漂浮在水中或其他液体中，然后将纸穿过颜料来提取颜色。为了达到大理石花纹的效果，颜料和液体不能混合。由于婴儿润肤油和酒精油墨混合时是分开的，它们是制作大理石花纹珠子的完美搭配材料。

1. 先准备好软陶泥，在你的手掌之间搓出一个1.3厘米的泥球。然后，用钢丝在珠子上戳出孔，把珠子串联起来，珠子和珠子之间要留出一点儿空间。接着，把它们放在烤盘上烘烤并从烤箱中取出，让它们完全冷却（图1）。

2. 认真地打磨每个珠子（图2）。

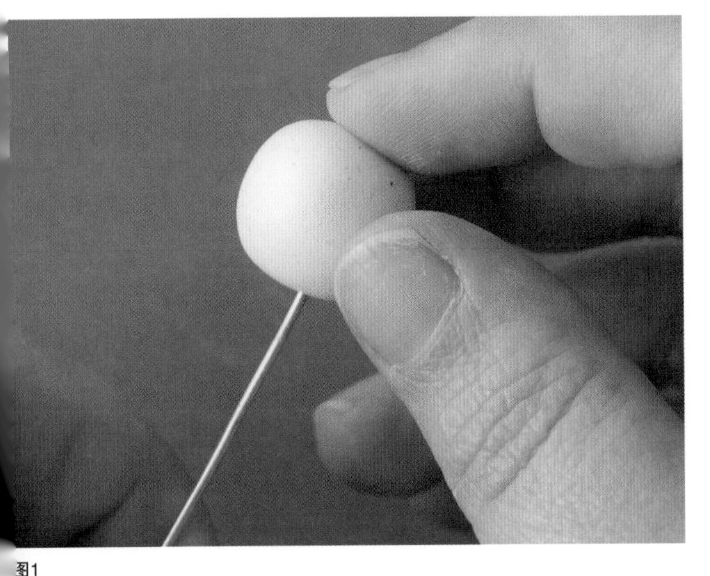

图1

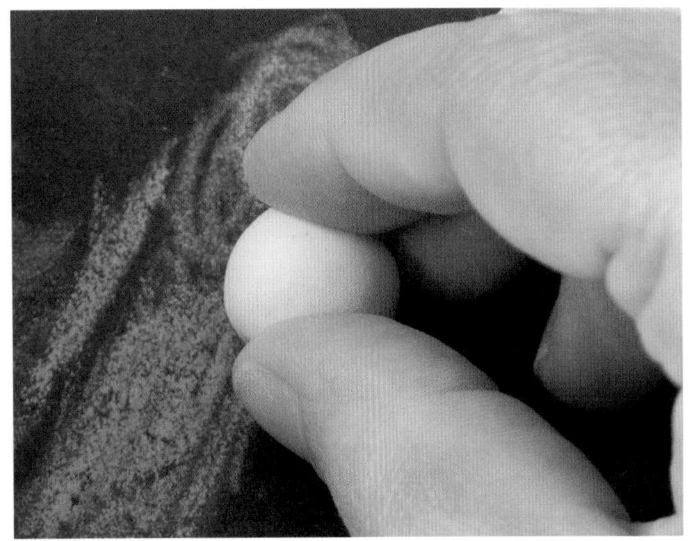

图2

图3

小提示

如果你没有珠子架，可以用一张折叠成手风琴形状的纸做一个支架，在烘焙的时候可以把珠子放在上面。如果直接放置在烤盘上，会使小珠子上出现一个平点，影响美观。

.在钢丝或钢丝圈芯轴的末端放置一颗珠子。

4.将婴儿润肤油倒入纸杯或罐子中。加入两三滴酒精油墨（每种颜色1滴）。用钢丝轻轻搅动颜料。

5.把珠子浸在油里。当钢丝穿过墨水时，扭动钢丝以吸附颜色。将油墨中的珠子取出，放在纸巾上，静置几分钟（图3）。

6.用纸巾擦去多余的婴儿润肤油。最后，用肥皂和水清洗珠子，并拿纸巾擦干。

LAB 06

针织条纹珠

工具和材料

- → 白色软陶，再加上两三种其他颜色
- → 擀泥机和亚克力滚筒
- → 长刀片
- → 18号镀锌钢丝
- → 烤盘

这个实验开始时，先将条状的软陶泥切成片，并堆叠整齐。将颜料混合涂抹在陶泥上，

主茎横切成薄片，用来装饰珠子。

小提示

如果你要同时烤很多珠子，把它们放在20.3厘米的钢丝上，每个珠子之间留一点空间。将钢丝悬挂在珠子架上，这样就可以一次烤制所有的珠子。

1. 打磨软陶泥。把每种颜色卷成7.6厘米长的圆筒，直径和铅笔差不多。把这些圆挨着拧在一起。接着把圆筒卷在一起，再拧一下。把软陶泥叠起来，再擀成圆筒并折叠起来。最后把软陶泥再卷一遍，折叠起来（图1）。

2. 把折叠好的软陶泥做成一个矩形。在最厚的底座上把软陶泥放入擀泥机，先把折好的那端插进去。或者，使用亚克力滚筒把软陶泥压成一个3毫米厚的平面。

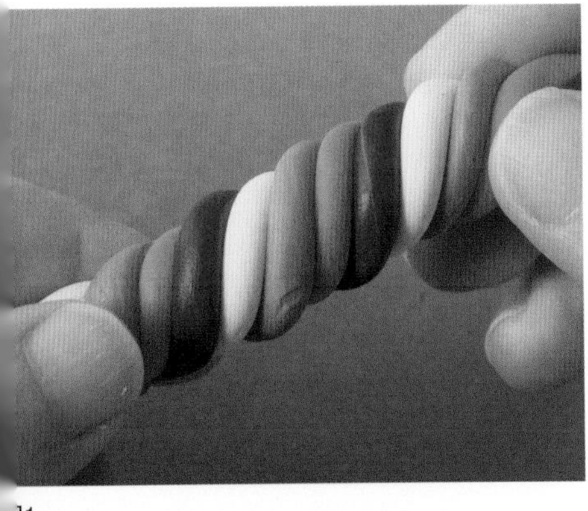

1

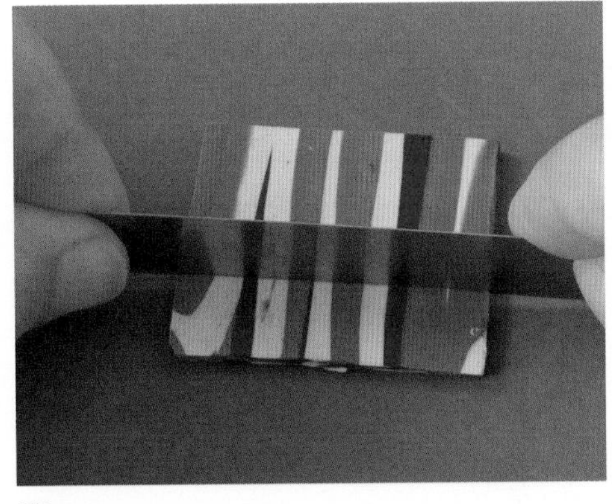

图2

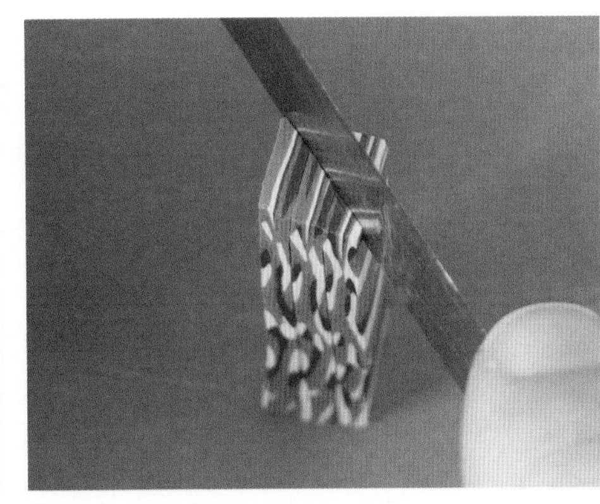

图3

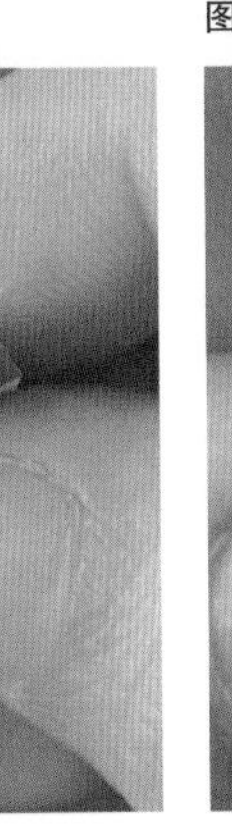

4

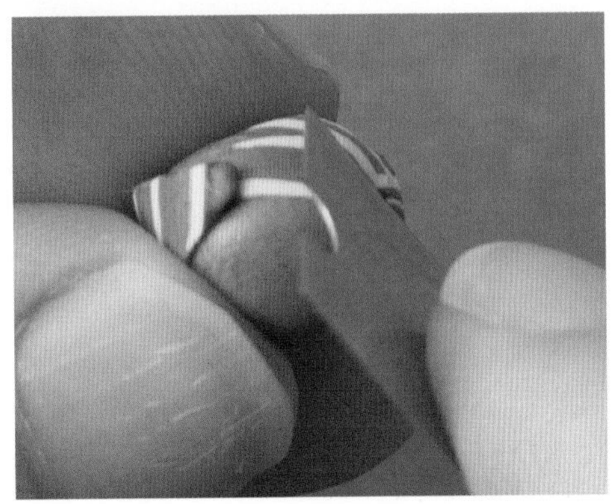

图5

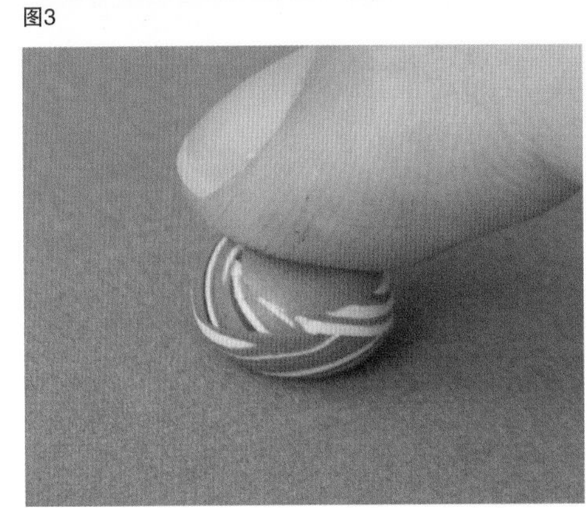

图6

.在软陶泥上加竖条纹作为点缀。用长刀片切割三段横向长度为6毫米的软陶泥，并将其堆叠起来（图2）。

.把叠好的软陶泥竖立在工作台上，再使用长刀片，对准软陶泥的斜对角线，斜切成两条均匀的三角形（图3）。

.把两条三角形平放在工作台上，从中间切开，分成四块。

.把这些三角形叠起来，这样条纹的方向就会交替。接着把它们紧紧地压在一起，形成一条“主茎”。用亚克力滚筒把主茎卷起来（图4）。

7.将另一种颜色的陶泥卷成一支铅笔那么粗的圆筒。把圆筒切成1毫米长度的小圆柱。用手掌把小圆柱搓成圆形珠子。

8.将带条纹的主茎切成薄片。在珠子中间铺上一层。用手掌搓动珠子，直到接缝消失（图5）。

9.在工作台上放一颗珠子，用指尖轻轻将其压平。把珠子翻过来，再按一次。用钢丝在珠子中心位置戳个洞（图6）。

10. 把珠子放在烤盘上，进行烘烤。

LAB 07 乳草豆荚珠

工具和材料

- 浅棕色、石灰绿、白色、半透明和深棕色的软陶
- 擀泥机或亚克力滚筒（见下面的备注）
- 长刀片
- 牙刷
- 圆形雕刻工具或编织针
- 18号镀锌短钢丝
- 烤盘
- 丙烯颜料（棕色、金属质感苔绿色）
- 画笔
- 水
- 纸巾
- 干湿两用400目汽车打磨砂纸
- 微晶蜡（我用的是文艺复兴蜡，选配）

备注

按照操作说明书使用擀泥机，或用亚克力滚筒将软陶泥滚到指定的厚度。

这些以自然为灵感的珠子是用多彩的主茎做的。这些珠子的分层、包裹和质感制作起来不难，但需要花时间。

1.打磨软陶泥。豆荚的外 用1:8的比例混合浅棕 和石灰绿色。只需要一 14克左右的软陶。

2.将白色半透明的软陶泥 成两个铅笔粗细的圆筒，大约7.5厘米长。把两 圆筒合二为一，滚成一 圆筒。转一圈，折一圈，再转一圈，重复两三次。把软陶泥折叠起来，将它插入擀泥机，厚度设定为3毫米，记得首先插入折叠 一端。

3.使用刀片切割软陶泥，形成一个6毫米的横向分段，将它铺在未切割的矩形软陶 上。重复三次，制作一根条纹主茎。转动主茎的一侧，使条纹的方向变得垂直，沿着主茎的顶端边缘捏出一个三角形（图1）。

4.把浅棕色和深棕色软陶泥分别卷成7.6厘米长和3毫米厚的圆筒。把两个圆筒扭在 起，折叠起来，再扭一次。在工作台上搓动圆筒，使其平滑。在主茎的一边，捏 泥土，做成泪滴状的主茎（图2）。

5.搓出一个1.3厘米的深棕色泥球。把泥球来回滚动，形成椭圆形的珠子。

6.切一片半透明的薄薄的条纹主茎，放在椭圆形珠子的下半部分，条纹纵向排列。复这个过程，添加条纹主茎，覆盖珠子的底部。

1

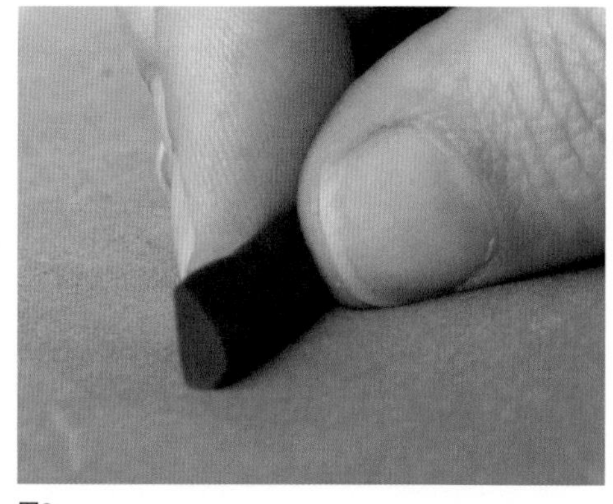

图2

图3

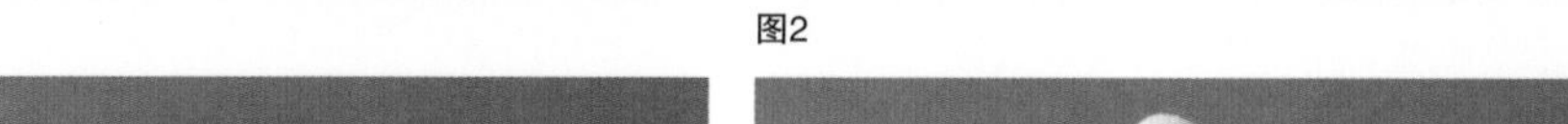

4

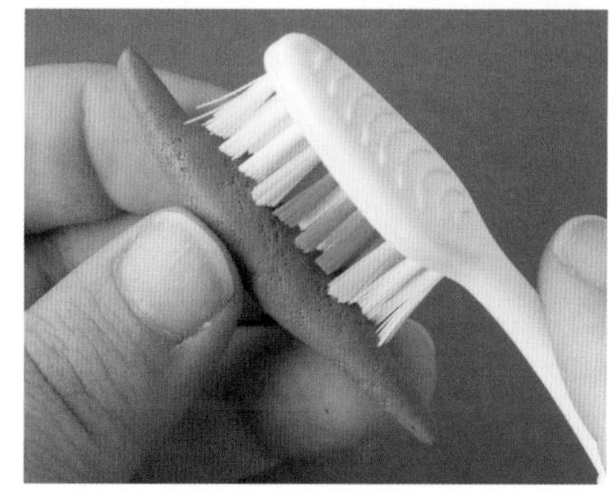

图5

切一片薄薄的浅棕色泪滴状主茎，把它放在椭圆形珠子的顶端。重复从顶部覆盖珠子的前部，一层一层地向下叠，直到盖住白色条纹的主茎（图3）。

搓动珠子，使其重叠部分变得平滑。当你在珠子上滚动的时候，手指稍微转动一下，使椭圆的两端削尖。

将混合好的绿色软陶在擀泥机最薄的地方压平。用一块板子包住珠子的一半。在手掌间轻轻滚动珠子。要想让珠子的两端变细，请把珠子放在桌子上，用手指稍微向珠子的末端倾斜，并滚过两端（图4）。

10. 轻轻按压珠子绿色部分上的牙刷毛。用小刀雕刻出锯齿状花纹，沿着珠子垂直的小点，重复几次。将珠子翻转过来，用雕刻工具在棕色主茎区域压出均匀的标记，画出一些横线，横跨棕色主茎区域（图5）。

11. 用钢丝在珠子顶部横向戳出一个洞。将珠子放在烤盘上进行烘烤，从烤箱中取出并完全冷却。

12. 用棕色颜料给每一颗珠子做仿古处理，然后用纸巾擦掉多余的颜料。等待珠子彻底干燥，用干燥的画笔在珠子的绿色区域涂上具有金属质感的绿色颜料。打磨一下珠子的前部，再轻轻地修理一下珠子的后部。给珠子上一点点蜡，最后用纸巾擦亮就完成了。

LAB 08 文艺复兴文物坠

工具和材料

- 黑色软陶
- 玉米淀粉
- 亚克力滚筒
- 2枚橡皮图章
- 18号镀锌钢丝
- 烤盘
- 2支画笔
- 液体软陶
- 银压花粉（我用的德国银冰搪瓷浮雕粉）
- 珠子架
- 丙烯颜料（淡灰色、金色、黑色）
- 纸巾
- 婴儿湿巾

备注

这些结果取决于特定品牌的压花粉末，并不是所有的压花粉末都能永久地粘在软陶泥上，有些会掉落或失去金属光泽。我为这个项目推荐的两个品牌是冷珐琅冰树脂和Ranger树脂。

橡皮图章提供了一种简单的方法，可以在软陶吊坠上雕刻一个图案。把陶泥压在两个橡皮图章之间，你就能创造出一种双面的设计。银浮雕粉的混合处理让这些吊坠看起来像是古代文物。层层的颜料提供了丰富的古色古香，增强了陈年的感觉。

1. 将一块3.2厘米的黑色陶泥在手掌中搓成一个泥球。然后放在玉米淀粉中滚动，次拿到手中轻轻揉搓。用亚克力滚筒把泥球擀成一个1.3厘米厚的泥硬币。

2. 把软陶泥压在两个橡皮图章之间，直到硬币变成6毫米厚。用钢丝在吊坠的顶部一个洞（图1）。

图1

图2

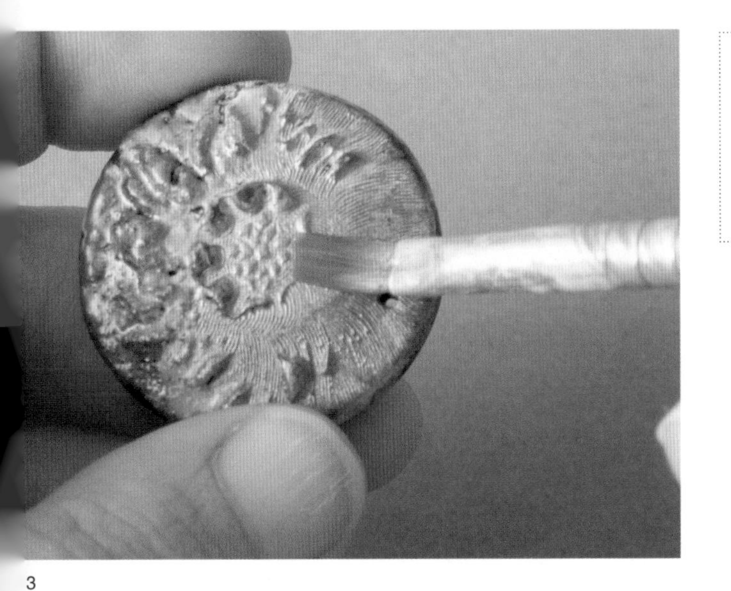

3

小提示

在使用压花粉末之后，烘烤时吊坠不能接触烤盘。

.把吊坠放在烤盘上烘焙。烘焙完成后从烤箱中取出，等待吊坠完全冷却。

.用画笔在吊坠的下半部分涂上一层薄薄的液体软陶。把吊坠蘸上压花粉末。用钢丝钩住吊坠，挂在珠子架上。在130℃下烘烤10分钟，等待它完全冷却（图2）。

5.用干燥的画笔在黑色软陶表面涂上一层浅灰色的颜料，等待颜料晾干。用金色颜料重复涂一遍，让一些灰色显现出来（图3）。

6.在吊坠的中央，将图案的凹陷处涂上黑色。

LAB 09 玫瑰花瓣吊坠

工具和材料

- → 二段式模压腻子（我使用的是神奇牌）
- → 蜡纸
- → 纽扣
- → 黑色软陶
- → 玉米淀粉
- → 画笔
- → 半透明液体软陶
- → 4毫米尖背水晶宝石
- → 18号镀锌短钢丝
- → 烤盘
- → 丙烯颜料
- → 婴儿湿巾
- → 微晶蜡（我用的是文艺复兴蜡）

本实验采用模压腻子。它由两种不同的软材料包装，可以混合在一起并且固化成型。用具制作软陶珠子可以让相同的设计施展出多元化的效果。用水晶来点缀这些“甜美”的玫瑰坠，从一个按钮开始，创造出模塑的造型，显得格外地珠光宝气。

1. 从模压腻子的两个部分各捏下一块2.5厘米的材料。把这些材料挤压折叠并混合一起。再把它们卷成一个泥球。

2. 把模具材料放在蜡纸上。按下按钮，插入模具材料，留下深深的印痕。将按钮留模具内10～15分钟，直到模具成型，并且触摸起来感觉十分结实后把按钮从模具取出来（图1）。

3. 在手掌中搓动一块2.5厘米的黑色软陶，形成一个泥球。把泥球放在玉米淀粉中动，接着继续放在手掌中搓动。

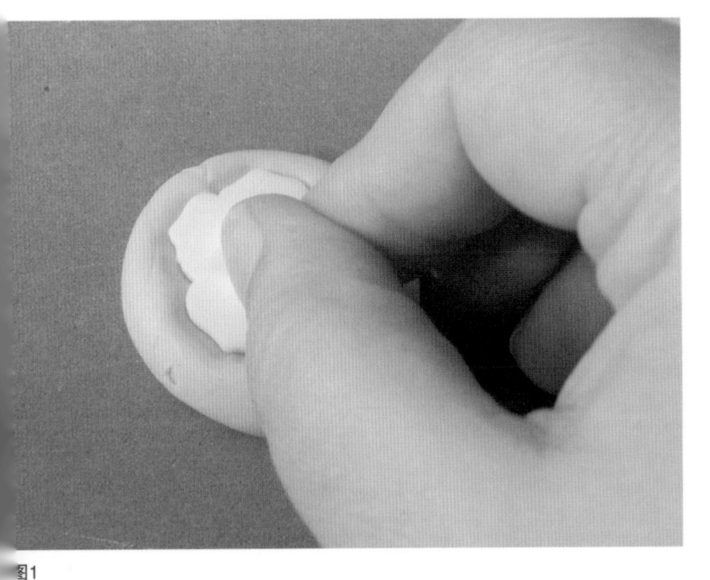

图1

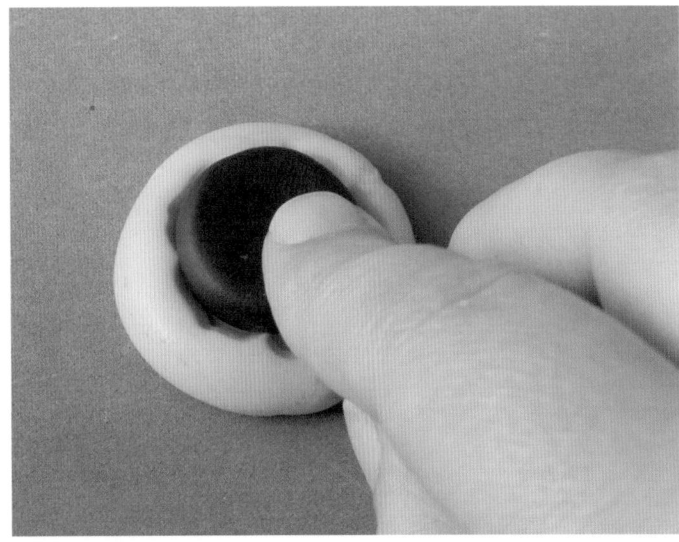

图2

3

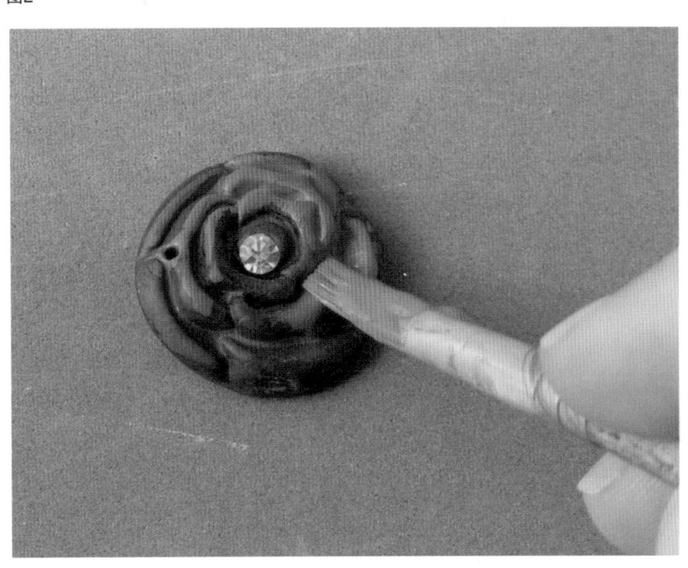

图4

4.把泥球压进模具里。如果泥球太大，就取出一点，直到完全能放进去。最后把泥球从模具中取出，吊坠雏形就完成了（图2）。

.用画笔在吊坠的中间画上一个小点，用液态软陶作为点缀。最后，把晶体压到液态软陶里（图3）。

6.用钢丝在吊坠的顶部戳一个洞。将吊坠放在烤盘上进行烘烤并等它冷却。

7.用丙烯颜料进行上色。用婴儿湿巾把凸起处的颜料擦除。等颜料晾干后，在珠子上擦上薄薄的一层蜡，记得要避开水晶（图4）。

本期制珠嘉宾

克莱尔·蒙塞尔

加拿大艺术家克莱尔·蒙塞尔的职业生涯始于热玻璃艺术。她从谢里丹工艺美术学院毕业后，建立了自己的玻璃工作室。后来，当她开始用软陶泥作为媒介，将空心的形状做成珠宝时，她发现她的新爱好与她在熔融玻璃行业的工作有着很多共同之处。

问：你的软陶制珠风格如此独特。在寻找这种风格的过程中，你的转折点是什么?

答：对我来说，主要的转折点是当我意识到，我20年的玻璃吹制工生涯不会因为我接受了一种新材料而被扼杀和遗忘。我的手指想做同样的动作，我的审美观没有改变。一旦我意识到这一点，它就成了我血管里一条极其丰富的矿脉。玻璃和软陶在技术和颜色上有很多明显的相似之处，值得探索。我想你会说，我已经形成一种风格20多年了，现在只是九九归原而已。

问：教学对你做珠子有什么影响吗?

答：也许这让我意识到，我必须简化创作过程，以使其易于理解。我经常做空心的珠子，而不是把陶泥做成一个实心的大块。学生们会觉得这很难理解。但是，当我思考如何更好地解释和展示我的制作过程时，我的工作变得更好和更稳定了。我唯一的问题是我有太多的想法。我经常觉得自己好像同时向四面八方狂奔。我在玻璃行业工作时也是这样。

问：你给你的陶泥作品带来了什么样的设计灵感呢?

答：当然，自然界是一个巨大的灵感来源。大自然让设计看起来如此简单。但事情没那么简单，任何做成事儿的人都清楚这一点。我也注意人们是如何做标记的。每个人的做法都有点不同。我还观察了伟大的艺术家和工匠是如何处理表面或形状的，并从中学到了很多。在过去的20年里，我对玻璃和陶泥的热爱和灵感来源，一直受澳大利亚土著人民的艺术品影响。我对他们的艺术方法从不感到厌倦。它具有无穷无尽的创造力，令人着迷，而且鼓舞人心。

问：你最喜欢的制作工具是什么?

答：最近，我最喜欢纸张。这是一种非常有用的工具。我用它来制作纹理板材，可以制作出各种各样的表面效果！我还喜欢收集编织针，有幸在一元店里找到了。它们的表面光洁度和普通的销子相比，有很大的不同。我还喜欢雕刻刀，这是一种木雕工具，虽然很贵，但很实用。如果你好奇的话，可以在网上找到。最后，我在一家焊接商店里找到了一把非常坚硬的钢丝刷。制作软陶泥，任何工具皆有可能。

LAB 10 人造木香珠子

工具和材料

- 风干陶泥
- 亚克力滚筒
- 木纹橡皮图章
- 18号镀锌短钢丝
- 画笔
- 丙烯颜料（橄榄绿、青绿、棕色）
- 水
- 纸巾
- 干湿两用800目汽车打磨砂纸
- 微晶蜡（我用的是文艺复兴蜡）

一个木纹橡皮图章可以让你制作出一大堆这样的小珠子。把它们涂成不同的颜色配合任何珠宝类小物件。配上蓝色的蓝鸟珠（第42页和第134页），构成以森林为主题的设计。

1.撕下一块豌豆大小的陶泥。反复折叠，使其湿润。手指沾一些水，并在手掌之间动珠子，直到感觉不再黏稠。

2.将珠子在手中来回搓动，形成一个椭圆形。

3.用亚克力滚筒，将椭圆泥球压平。把椭圆泥球放在橡皮图章的上面，用力按压，后用滚筒压平（图1）。

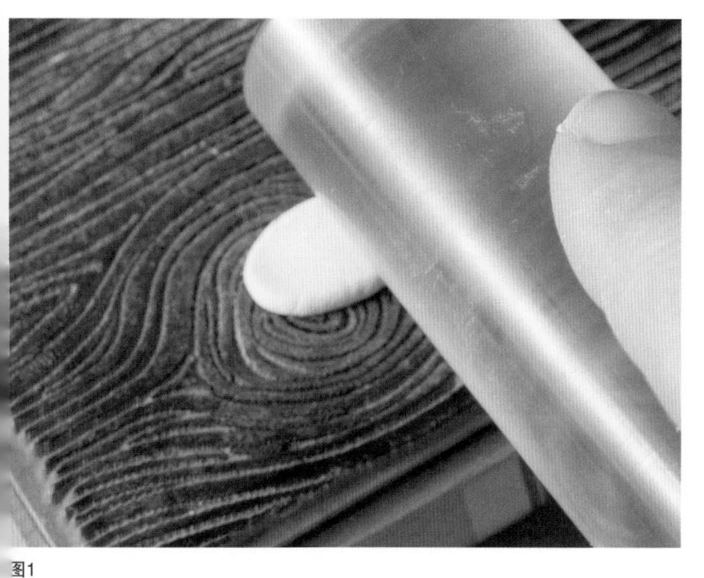
图1

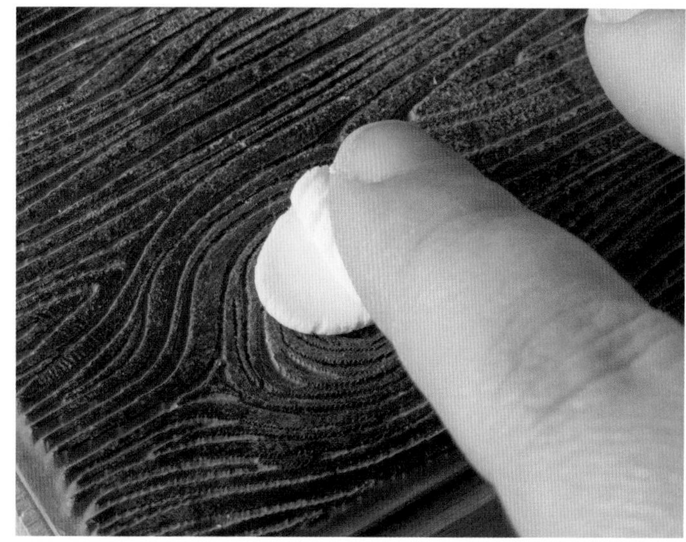
图2

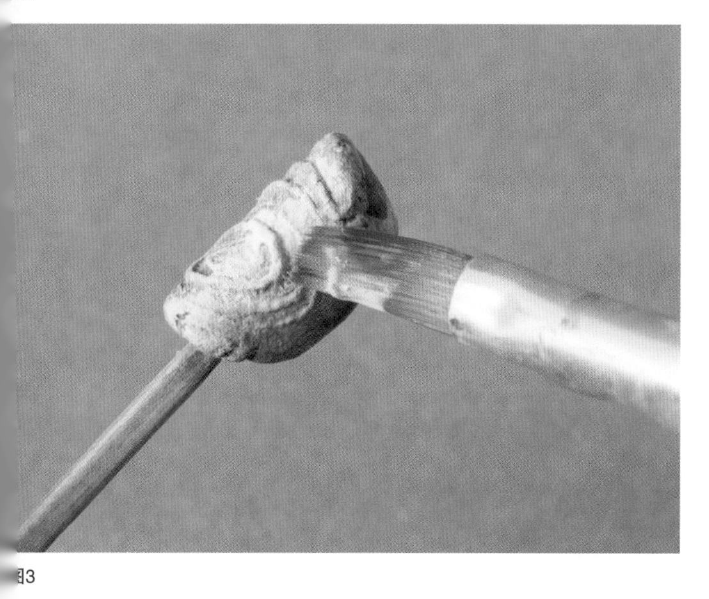
图3

4.把图章一端的陶泥边缘卷成管状。用钢丝在珠子上戳个洞。把珠子放在一边晾24小时（图2）。

5.在珠子上涂一层浅橄榄绿色的丙烯颜料，晾干。再涂上一层浅青色的丙烯颜料，让绿色部分透显出来，晾干。第三次涂棕色的丙烯颜料。用纸巾擦掉多余的颜料，晾干。打磨凸起的部分，给珠子打蜡（图3）。

LAB 11

野花组合串珠

工具和材料

- 风干陶泥
- 水
- 自动铅笔
- 干湿两用800目汽车打磨砂纸
- 画笔
- 丙烯颜料（花卉色、棕色、金属质感金色）
- 纸巾

这些由风干陶泥制成的花非常坚韧。涂上你最喜欢的颜色，将其搭配到珠宝上，或者在珠子的背面增加一个小孔，用于串饰。

1.撕下一块豌豆大小的陶泥。反复折叠使其湿润。手指沾一些水，并在手掌之间搓珠子，直到感觉不再黏稠。

2.把珠子捏成圆屋顶的形状。沿着边缘挤压，使穹顶的外壁变薄。

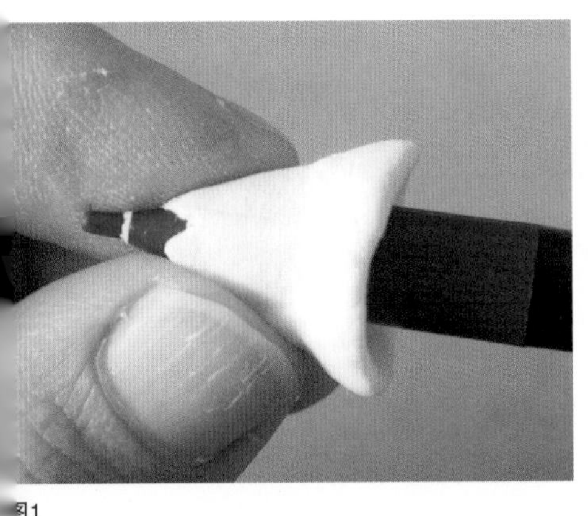
图1

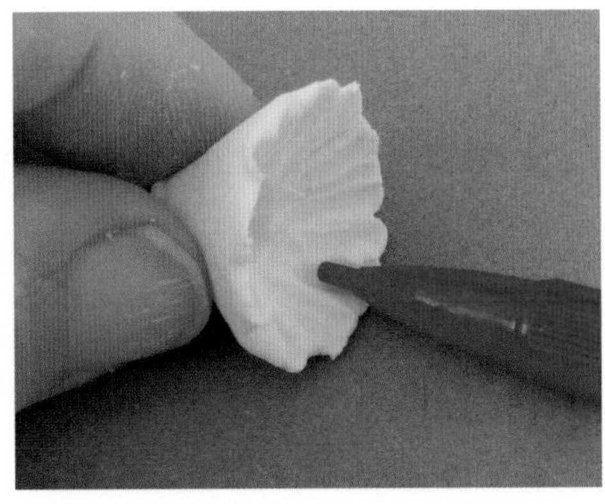
图2

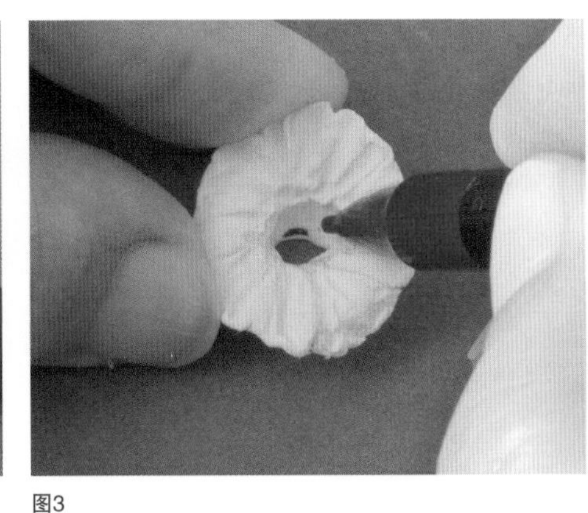
图3

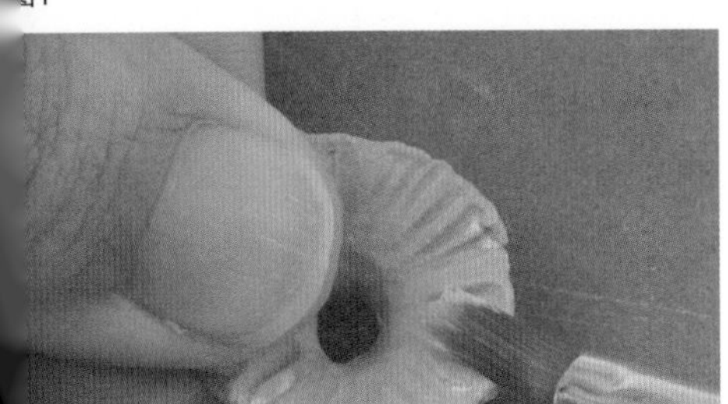
图4

图5

.将自动铅笔的尖端插入圆顶的中心，直到它穿透，形成花朵。捏住铅笔周围的陶泥，拉出花朵的形状。把铅笔插进去，把洞扩大一些。将花从铅笔上取下，折叠顶部的边缘（珠子较窄的部分）（图1）。

.轻轻地把花放在你的工作台上。用自动铅笔在花的内侧做花瓣标记（铅笔芯要缩回），从花的中心到外缘切割出一条线。沿着花的内部重复，边做边旋转（图2）。

5.将花朵如图3放置，轻轻地把花瓣向下折叠。在花的内侧，用自动铅笔在中间开口周围画两排圆点。

6.把花放在一边晾干，至少晾24小时。用砂纸打磨光亮，擦去所有指纹或瑕疵。

7.在花朵的四周涂上颜色，等待颜料晾干（图4）。

8.在花的内部中心涂上一层淡淡的棕色，用纸巾擦掉多余的颜料。最后在花瓣的外缘涂上具有金属质感的金色颜料（图5）。

LAB 12 迷你小屋

工具和材料

- → 风干陶泥
- → 水
- → 亚克力滚筒
- → 编织针
- → 10号镀锌钢丝
- → 干湿两用800目汽车打磨砂纸
- → 画笔
- → 丙烯颜料
- → 水
- → 纸巾
- → 微晶蜡（我用的是文艺复兴蜡）

小提示

戳一个洞，从房子的顶部开始，一直穿过底部。

这些用风干陶泥建造的小房子模拟了陶瓷的外观。装饰房子的两侧，再添几个窗户，让细节变得更丰富。

1. 撕下一块1.3厘米的陶泥。反复折叠使其湿润。手指沾一些水，并在手掌之间搓珠子，直到感觉不再黏稠。

2. 捏一下陶泥，稍微压平一点。接着捏出房子的尖顶。把房子的下半部分压成一个方形（图1）。

3. 用亚克力滚筒将珠子轻轻压平。把珠子翻过来，重复压一遍。珠子应该至少有6毫米厚。用圆形的编织针在小房子的正面留下一个小矩形的印记。

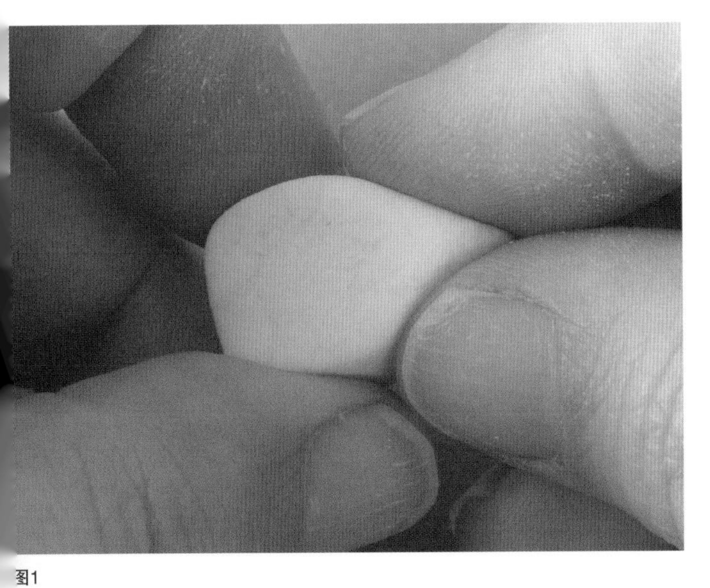

图1

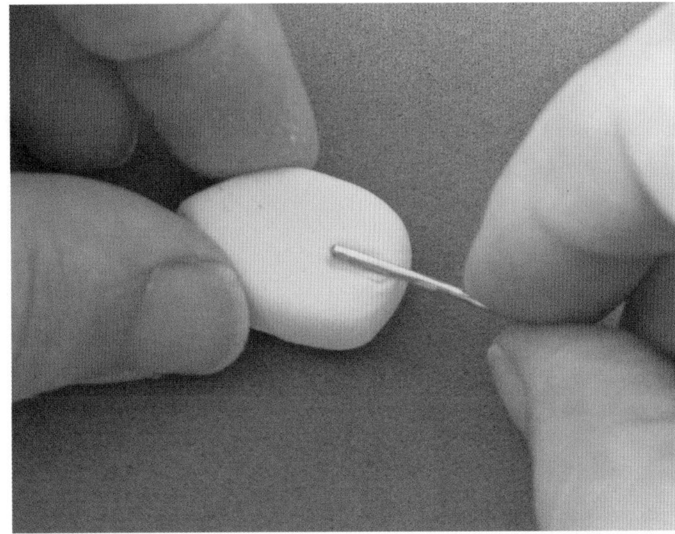

图2

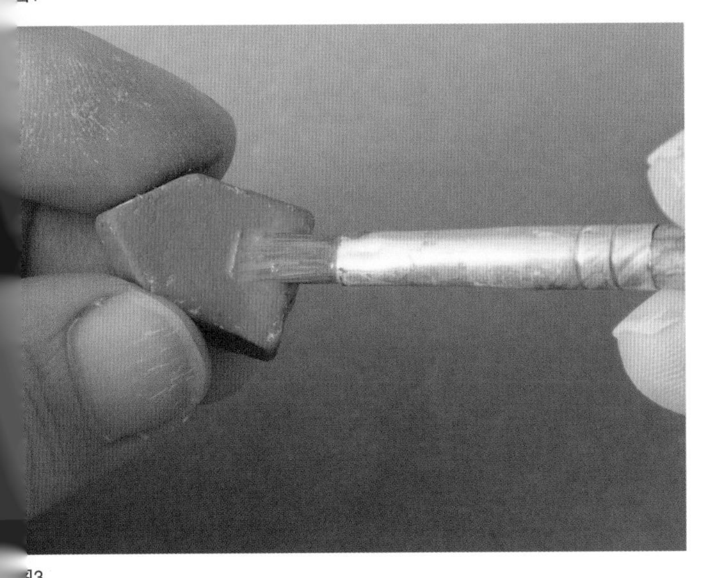

图3

图4

4.晾干陶泥，至少晾24小时。

5.轻轻打磨珠子表面。

6.在珠子表面涂上一层用水稀释的棕色丙烯酸颜料，并等它完全干燥。在珠子上涂上一层明亮的颜色，用纸巾擦去多余的颜料（图3）。

7.把珠子的边缘打磨一下，增加古老破旧感。抹上蜡加以保护（图4）。

LAB 13 快乐蓝鸟珠

工具和材料

- → 白色风干陶泥
- → 水
- → 18号镀锌钢丝，长10.2厘米
- → 400目打磨砂纸
- → 画笔
- → 丙烯颜料（我用的是青色和浅灰色）
- → 黑色细点永久马克笔

用手工制作这些来自民间灵感的泥塑鸟。风干陶泥一夜之间就会干得像石头一样坚硬。一群色彩鲜艳的泥塑鸟串联在一起，做成一条好玩的项链吧。

1.捏下一块2厘米的陶泥。在手掌之间轻轻地搓成一个球。

2.把陶泥捏成一个矩形。一端捏成尾巴。接着捏平尾巴，让它末端变宽。

3.捏住陶泥的另一端，形成鸟嘴（图1）。

4.用指尖把粗糙的地方整平。因为风干陶泥会迅速成型，如果陶泥太干了，就用手沾一些水涂抹泥土。接着用钢丝在珠子上横向戳一个洞。

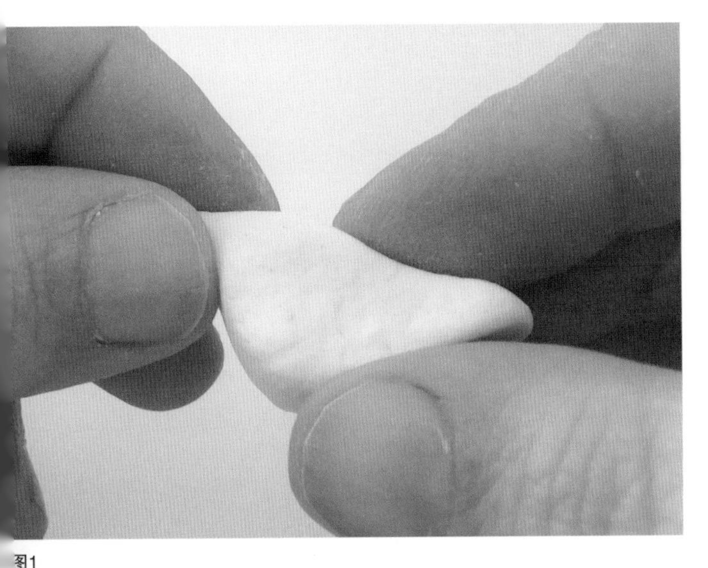

图1

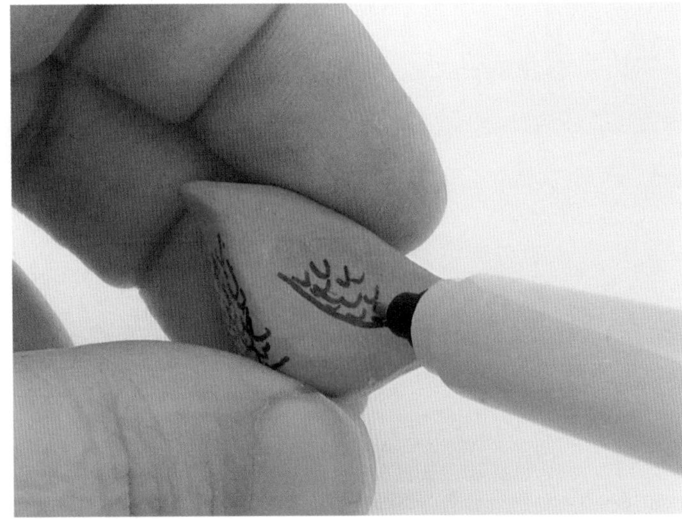

图2

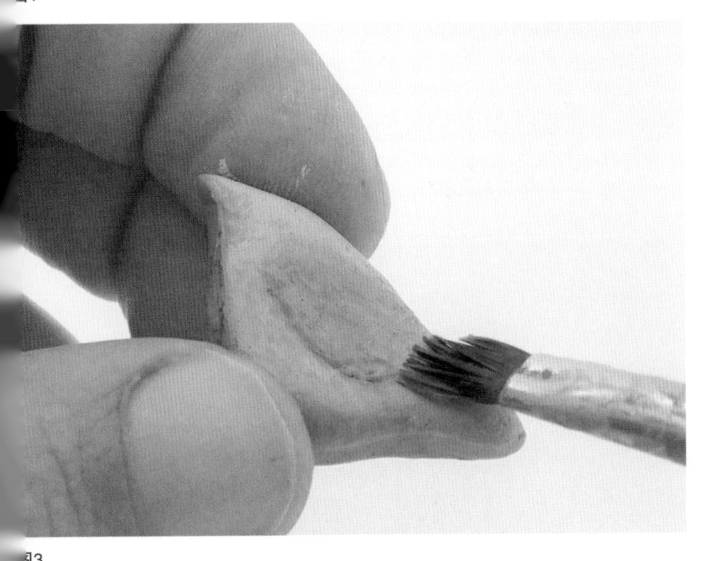

图3

5.等珠子晾干。等完全坚固后，轻轻地打磨珠子表面。

6. 涂上青色颜料，等颜料彻底干透。

7.用马克笔在翅膀、胸部和尾巴上画羽毛，等墨水干透（图2）。

8.整颗珠子都涂上灰色的颜料，尾巴、翅膀和胸部涂上青色的（图3）。

9.用马克笔画出鸟的眼睛。

LAB 14 金色猫头鹰

工具和材料

- 纸黏土
- 水
- 亚克力滚筒
- 自动铅笔
- 18号镀锌钢丝，长10.2厘米
- 酒精油墨（我用的是Stream、Wild Plum和Violet品牌的阿迪朗达克酒精油墨）
- 画笔
- 用于酒精油墨的塑料容器盖或调色板
- 乳胶手套或浮石肥皂和擦洗海绵（可选）
- 金色油性永久性颜料马克笔（我用的是记号笔）

小提示

酒精油墨很难从手指上去除。请戴上薄乳胶手套，如果一不小心手上沾了油墨，请立即用浮石肥皂和擦洗海绵擦拭手指。

灵感来自印度的珠宝创作，这些彩色猫头鹰珠子用了金属质感的镀金外观。这个实验使用了纸黏土，明亮的酒精油墨展现绘画作品的光彩。自动铅笔是标记珠子的完美工具。把这些珠子配上一根流苏，就能串成一条可爱的项链。

1.撕下一块2.5厘米的纸黏土。反复折叠，使其湿润。用手指沾一些水涂抹纸黏土再用湿润的指尖滑过泥土。在你的手掌中搓动珠子，直到不再黏稠。

2.把纸黏土捏成椭圆形，把椭圆压平，厚度为1.3厘米。

3.捏住椭圆顶部的两边，形成一个三角形的头部（图1）。

4.把珠子放在工作台上，用亚克力滚筒轻轻压平珠子。

5.用自动铅笔（铅笔芯缩回）戳出眼睛。在眼睛周围点缀一些花瓣图案的小洞（图2）

6.用笔尖在两眼之间划出一个“V”字形的小嘴。

7.用铅笔尖向下按压猫头鹰胸部的羽毛。把羽毛画成直线，横跨胸部（图3）。

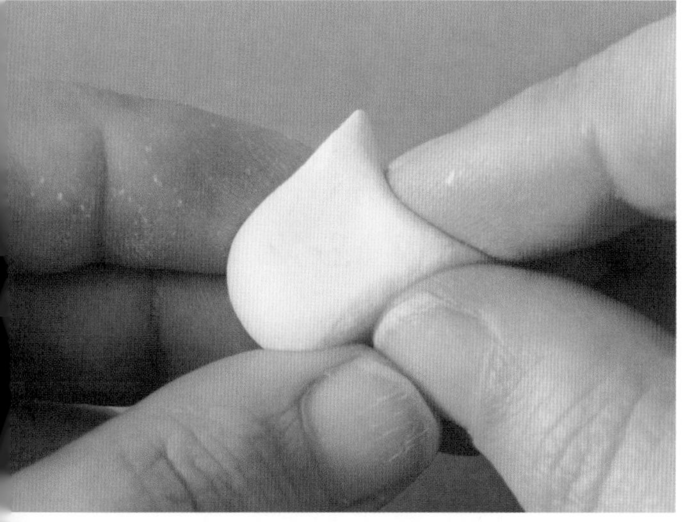

图1

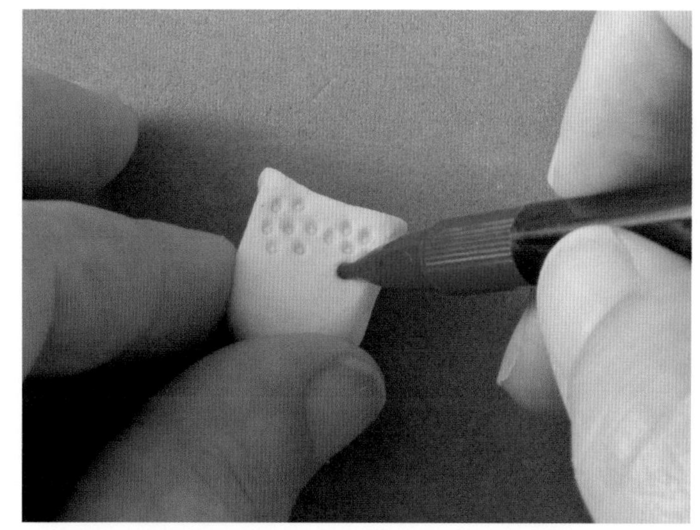

图2

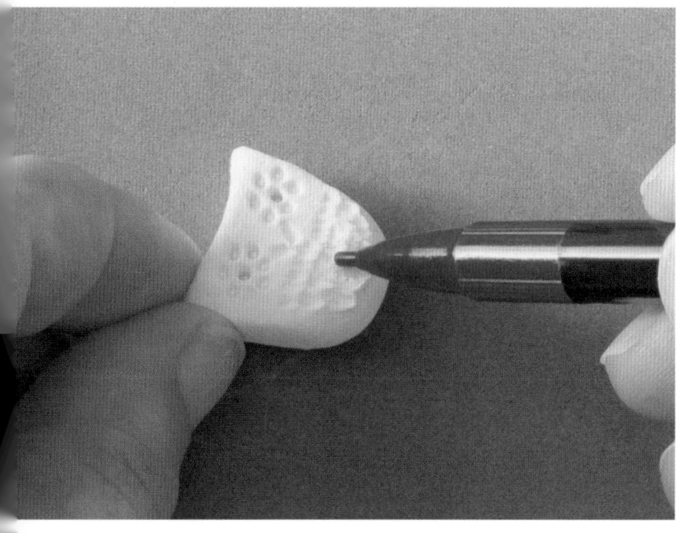

图3

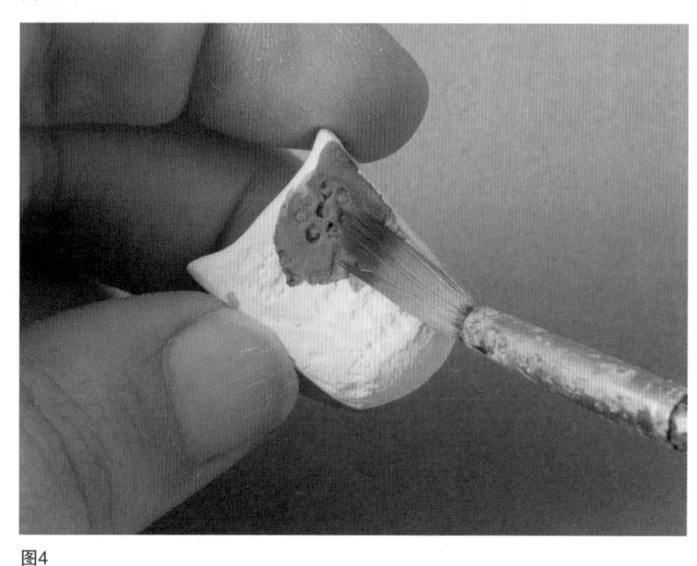

图4

.画猫头鹰的翅膀。首先用铅笔尖画一个椭圆，从猫头鹰的左侧前端开始，一直延伸到左侧的边缘，右侧重复上述动作。用铅笔尖向下画出翅膀内侧的纹理，让羽毛成型。

.用钢丝在猫头鹰身上纵向戳一个洞。等黏土彻底晾干，至少晾24小时。干燥的黏土摸起来不再凉爽。

10.在猫头鹰的身体表面刷上油墨，等待它完全干透（图4）。

11.用金色马克笔画出眼睛、羽毛和翅膀。用笔的尖端轻触，增强凸起感，最后等待珠子完全干燥。

litted o her cha
l, dipp the
on tip ed,
upless da
e, warm c
more expe ne
ills. With busy w

单元

02

纸张和软木塞

纸张的基础知识

纸很轻，有很多颜色和图案。它提供了一个很好的方法，为你的珠串创作增添很多丰富且环保的设计方案。用纸制作珠串时，纸张需要适当的密封，才能保证其经久耐用。有些实验使用较坚固的材料（如木珠、毛坯或金属）作为精致纸张的基底。还有一些实验则依靠密封胶来保护和加固纸张。

市场上有很多不同的密封胶。它们有不同的抛光剂，从亚光到超光亮，这会影响成品的外观。我的首选密封工具是摩宝胶，它随处可见，对任何做剪纸和纸张制作的人来说都很熟悉。

你可以用任何一张纸代替本章作业中的材料，比如报纸、回收和翻新旧书、漫画、杂志、地图、贺卡、装饰性的薄纸、折纸、包装纸甚至餐巾纸。

LAB 15 装饰珠子

工具和材料

- → 手工纸
- → 画笔
- → 快干胶
- → 未涂色的木珠
- → 15号镀锌钢丝，长20.6厘米
- → 超光泽密封胶（我用的是摩宝胶）
- → 聚苯乙烯泡棉砖
- → 400目打磨砂纸

小提示

撕纸时，从图案顶部向下撕，效果最好。

在这个实验中，使用折纸在普通的木珠上创建图形和图案。撕掉纸张的直边，接缝就会拢。再用不同大小的珠子串连成项链。

1. 把一张纸撕成不同大小的小纸片。每个珠子最宽的部分需要较大的纸片，在珠孔近需要较小的纸片。

2. 从珠孔附近开始，分成小段进行。在木头上刷一层薄薄的胶水，然后把纸片压在面。用指尖把纸的边缘弄平（图1）。

3. 重复刚才的操作，在珠子顶部和底部的珠孔周围重叠小纸片的边缘。然后用较大纸片覆盖珠子的中心部分（图2）。

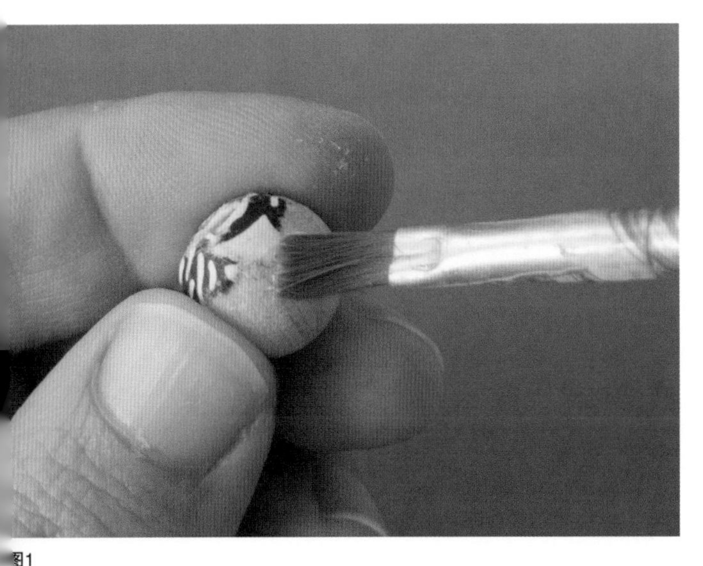

图1

图2

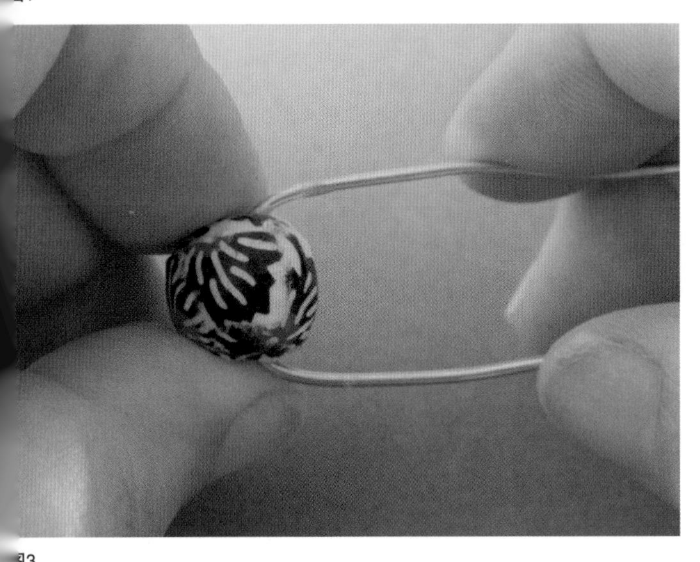

图3

4.把珠子穿在一条20.6厘米长的钢丝上。把钢丝的末端折叠成“U”形（图3）。

5.一只手握住钢丝的两端，另一只手将超光泽密封胶刷在珠子上。将钢丝的末端压入泡棉砖中，以便在珠子晾干时可以固定住珠子。

6.等珠子干了以后，用砂纸轻轻地打磨一下。

LAB 16 拼色扁珠吊坠

工具和材料

- 3毫米厚纸板
- 剪刀
- 报纸
- 白色工艺胶
- 盘子或碟子
- 水
- 画笔
- 吹风机（可选）
- 亚光密封胶（我用的是摩宝胶）
- 400目打磨砂纸
- 旋转锉，2毫米钻头
- 白色丙烯颜料，外加2种其他颜色
- 纸无痕胶带或美纹纸胶带
- 纸巾

用最简单的材料制作出这些现代感十足的拼色吊坠。它们给人一种时髦的感觉，你很难相信这是用纸板和报纸制成的。说到几何形状，一切皆有可能。为什么要停止制作吊坠呢？你也可以横向钻穿这些形状，把它们变成珠子。大胆一点，这些吊坠几乎没有重量。

1.用剪刀把纸板剪成你想要的形状。

2.把报纸撕成不同长度和宽度的小条。

3.在盘子里倒入少量胶水，加几滴水稀释一下。先在吊坠端2.5厘米的地方涂上水，再滴两三滴水。

4.在其中一张较长的纸的两面涂上稀释过的胶水。把纸条缠绕在纸板上。用指尖把缝处弄平（图1）。

5.重复一遍刚才的操作，在整个吊坠上覆盖一层，用小片盖住边角（图2）。

6.等待第一层完全晾干。如果需要，可以用吹风机加快干燥时间。重复步骤4做第层，改变报纸的方向。等这一层完全干透后重复第三层。

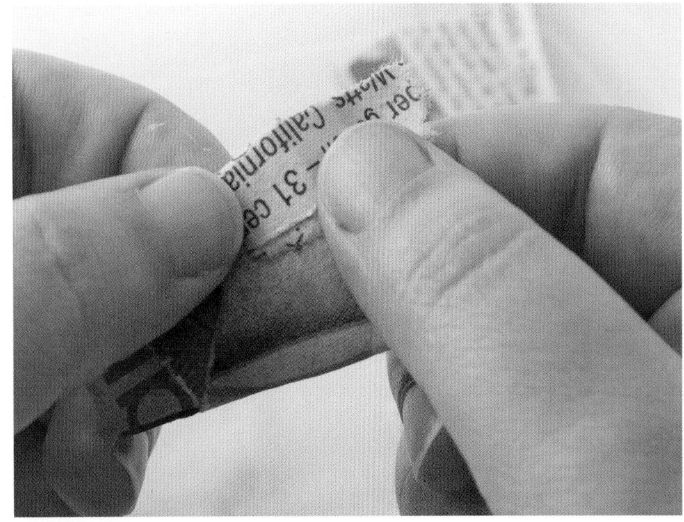

图2

3

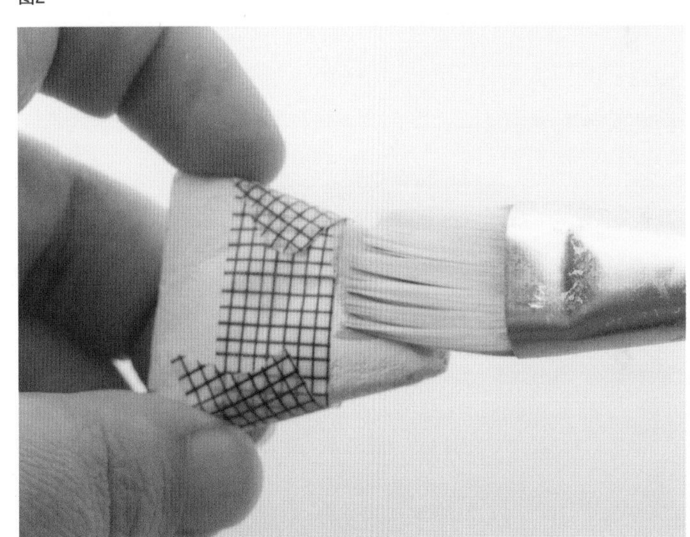

图4

.在整个吊坠上均匀地涂一层亚光密封胶。等晾干后把珠子放在烤箱里。接着，在66℃下烤20分钟，以便快速烘干。打磨吊坠，再用另一层亚光密封胶重复一遍。

.用旋转锉在吊坠的顶部中央钻一个孔，再把表面打磨一下。接着在整个表面涂上白色丙烯颜料（图3）。

9.用无痕胶带封住珠子不想上漆的部分。选择一种颜色，在吊坠上均匀地涂上丙烯颜料并等待晾干。再涂一层，用纸巾擦去多余颜料。等颜料晾干后，取下胶带，在吊坠的另一端，用第二种颜色重复上色过程（图4）。

10.用亚光密封胶进行密封，等完全干燥后，再刷第二层。

LAB 17 地图方珠吊坠

工具和材料

- → 回收地图或新地图
- → 剪刀
- → 3.2厘米木坯
- → 快干胶
- → 亚光密封胶（我用的是摩宝胶）
- → 裂纹釉（我用的是Ranger品牌碎纹点缀釉）
- → 画笔
- → 丙烯颜料（我用的是青色颜料）
- → 婴儿柔巾
- → 废木块
- → 铅笔
- → 旋转锉，2毫米钻头
- → 400目打磨砂纸

小提示

2小时后，检查釉面。如果纸张的边缘翘起，请重新补胶，并在边缘添加少量的釉料，再次密封。

制作一个带有你家乡或梦想度假胜地地图的吊坠。添加一种有趣的纹理，用颜料突出的裂纹釉来模仿街道地图的线条。

1. 在地图上剪出一段略小于木片的小纸片。把这个小纸片粘在空白处，等待晾（图1）。

2. 用亚光密封胶封住地图表面并晾干。

3. 为避免釉面出现气泡，请将有裂纹的釉面倒置，让液体落到釉面底部。从木坯的边缘开始，沿着木坯的一边涂上裂纹釉。在其他三侧重复同样的步骤（图2）。

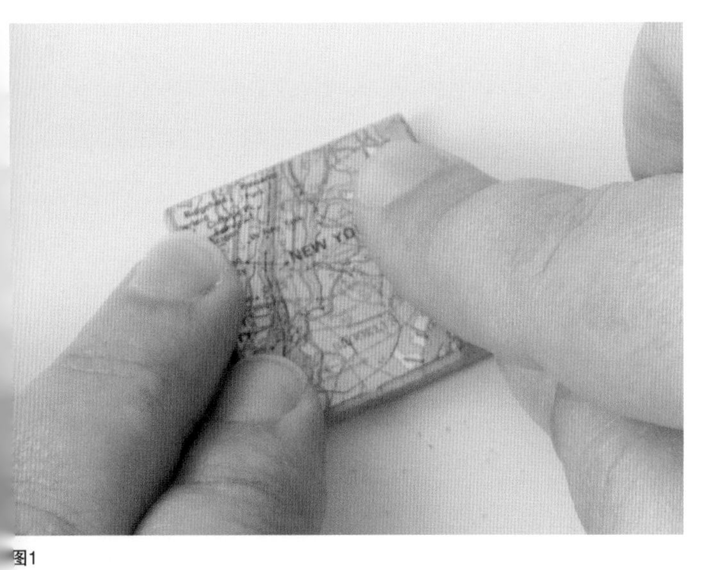

图1

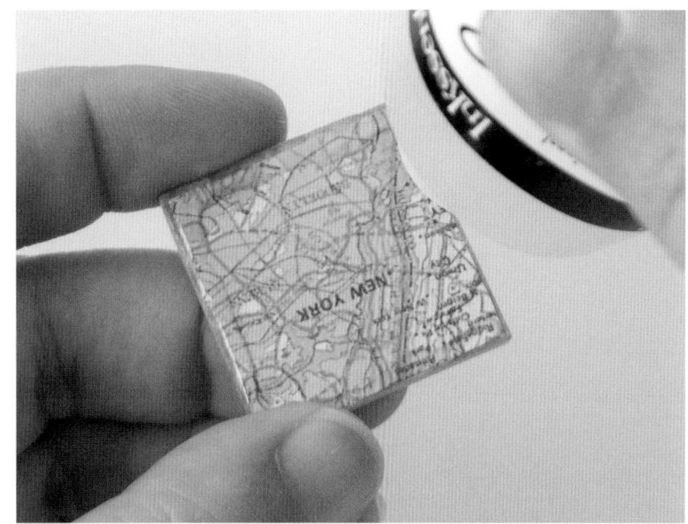

图2

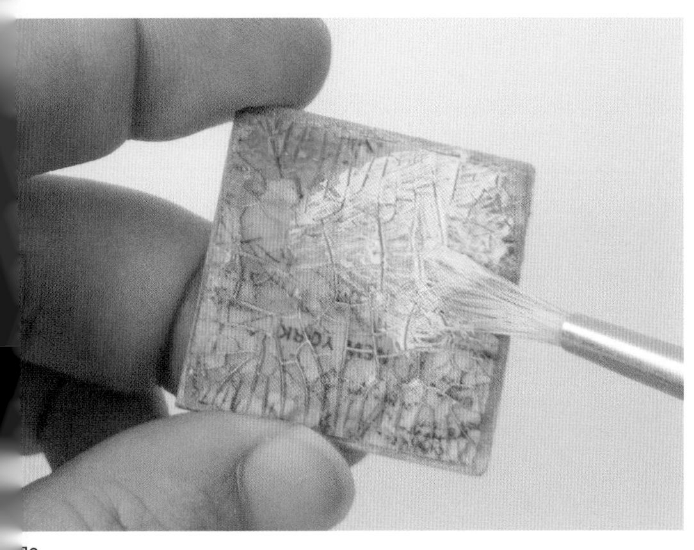

图3

图4

4.涂上釉料后，把粗线条均匀地压在吊坠上。如果有没有覆盖的斑点，用少量的釉料覆盖。让釉面干燥3～4小时，使其充分开裂。

.在釉面上刷上一层薄薄的丙烯颜料，确保颜料能流入裂缝。接着用婴儿柔巾迅速擦去表面多余的颜料（图3）。

6.把吊坠放在废木块上，用铅笔在上面做出打孔记号，慢慢钻穿吊坠，最后用一小块砂纸打磨珠孔附近的粗糙边缘（图4）。

LAB 18 纸碟陀螺珠

工具和材料

- → 尺子
- → 铅笔
- → 杂志
- → 工艺刀
- → 金属尺或直尺
- → 牙签
- → 画笔
- → 工艺胶
- → 光泽密封胶（我用的是超光泽的摩宝胶）
- → 裁纸刀或剪刀
- → 泡棉砖

备注

裁纸刀可以帮助裁出均匀的纸条和更好的陀螺珠，但你也可以用手工刀和金属尺来裁。

想要有益于节约地球资源的珠子吗？把切得很薄的旧杂志制作成珠子，赋予废品新的活力。寻找那些页面明亮、色彩丰富的杂志，制作出的效果更好。

1. 用尺在杂志页的垂直边缘每隔6毫米画一个记号。在另一边重复同样的操作。在第二个边缘做额外的标记，沿着第一边缘从测量处错开3毫米。这样，当你用铅笔连接它们时，你就会得到一个三角形。

2. 将这些标记连点成线，剪出几个长三角形，底边为6毫米。先把几页杂志剪成三角形，再卷成珠子形状。

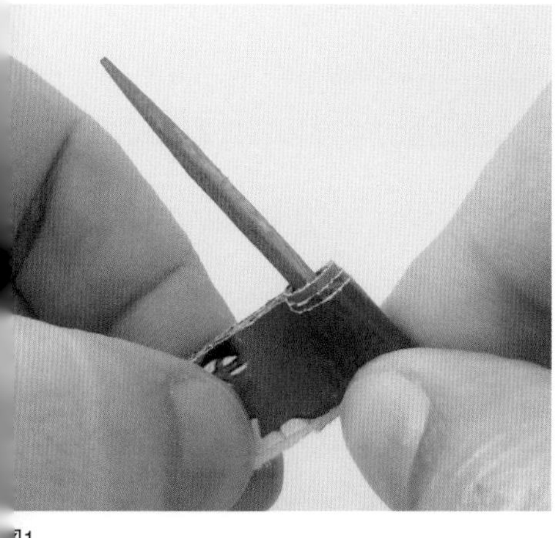
图1

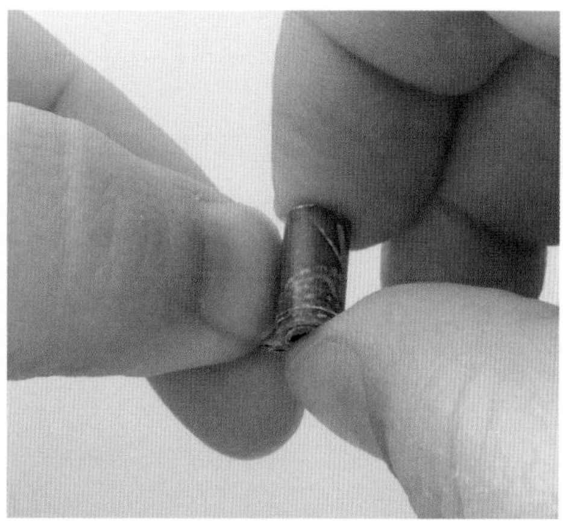
图2

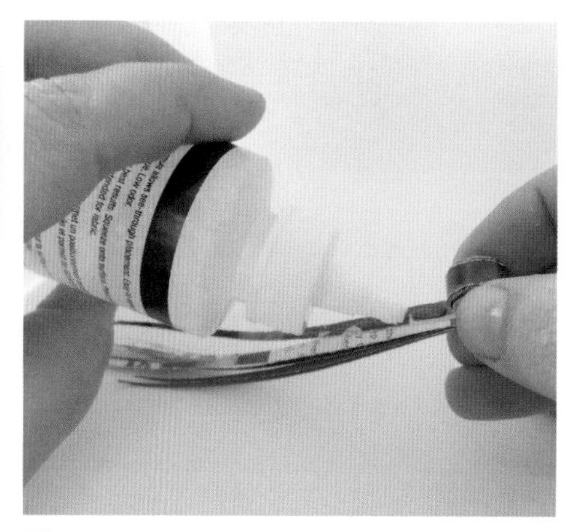
图3

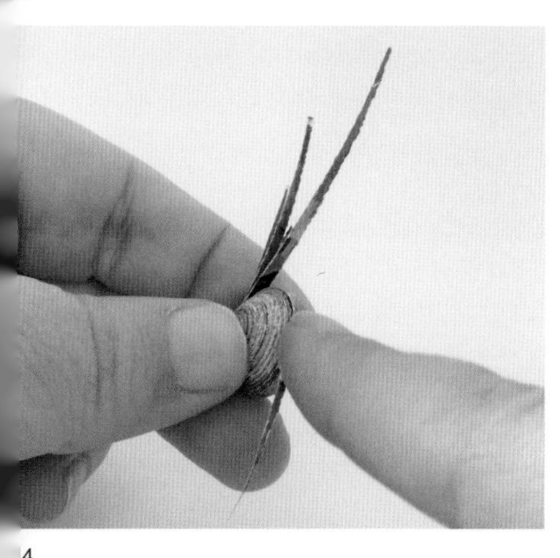
图4

图5

3.堆叠10～15个三角形，小心地将边缘对齐。将牙签横向放置在宽6毫米的叠层中。把所有的叠层三角形绕着牙签滚几圈（图1）。

4.取下牙签，用拇指把纸层压紧，同时拉紧（图2）。

5.继续滚动，保持滚过的在中心处对齐，并留出5厘米的尾巴。在尾巴处涂上一层胶水，接着把它包裹在滚好的珠子上（图3）。

6.每一层都要涂抹胶水（图4）。

7.把珠子串在牙签上，在表面刷上密封胶。等待密封胶彻底晾干后，陀螺珠就成型了（图5）。

LAB 19 剪纸拼接吊坠

工具和材料

- → 30.5厘米剪贴簿纸
- → 裁纸刀或金属尺和工艺刀
- → 马克笔
- → 牙签
- → 快干胶
- → 亚光密封胶（我用的是摩宝胶）
- → 画笔
- → 泡棉砖

这个实验最好用双面印刷的纸张，当纸卷起来的时候，可以呈现多种颜色。堆叠和滚动的层数不同，制作的珠子也有大有小。

1. 从剪贴簿上剪下一些0.6厘米×30.5厘米的长条。将每一条纸纵向对折。用记号的侧面按下折痕（图1）。

2. 在牙签的一端绕上纸条、卷紧，直到留下2.5厘米的尾巴。在尾巴上挤一点胶水并粘牢。接着把牙签上的珠子取下来（图2）。

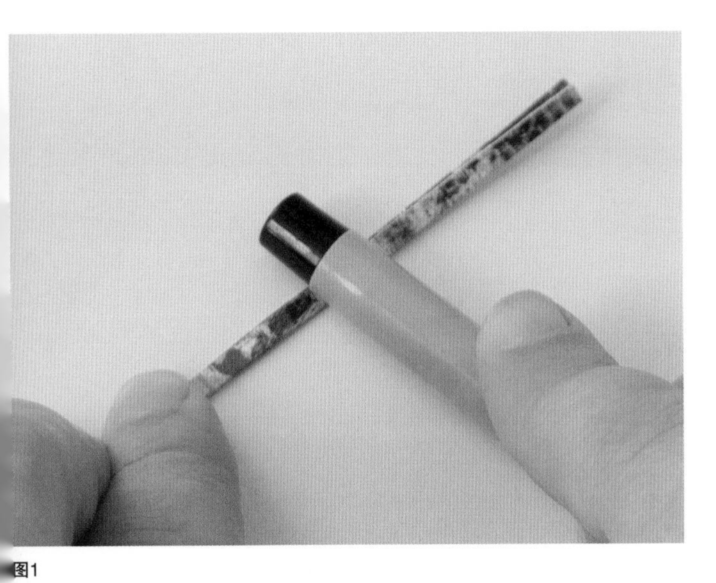

图1

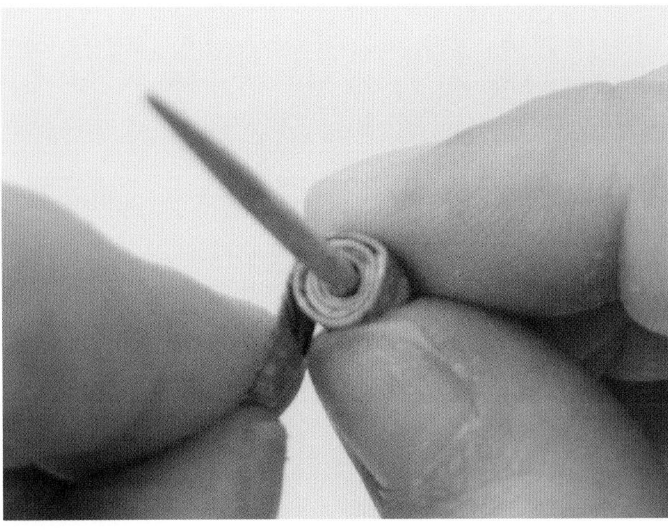

图2

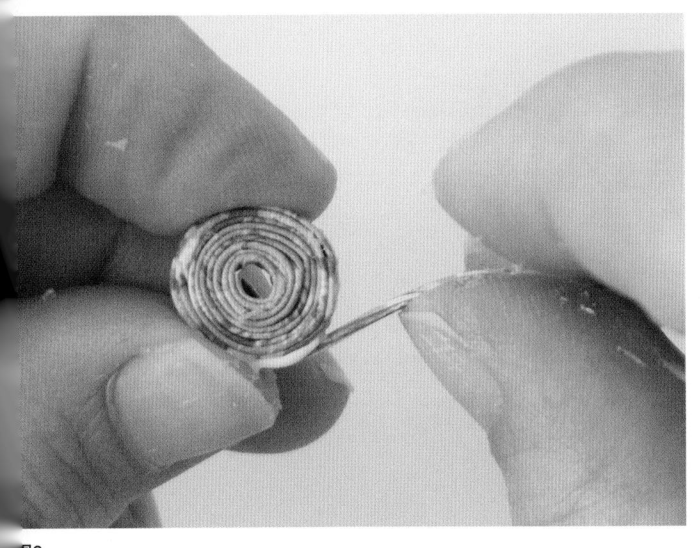

图3

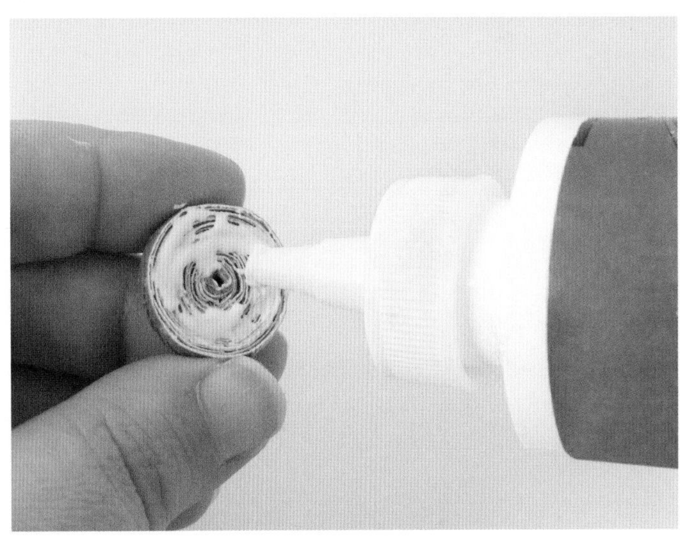

图4

3.在珠子外面挤一圈胶水。开始把第二张折好的纸绕上去（图3）。

4.重复一遍，粘上第三条折叠纸。

5.制作另一个滚珠。再把这两颗珠子堆叠起来，紧紧地压在一起（图4）。

6.把亚光密封胶涂在珠子上，并串在牙签上等晾干。

LAB 20

浪漫诗歌珠

工具和材料

- → 裁纸刀（见下面的备注）
- → 书页
- → 金属尺
- → 工艺刀
- → 牙签
- → 快干胶
- → 画笔
- → 光泽密封胶（我用的是晶莹闪耀的摩宝胶）
- → 泡棉砖

备注

如果你没有裁纸刀，可以用金属尺和工艺刀来测量和切割纸条。

以爱情或自然为主题的诗歌和浪漫情怀的珠宝首饰很搭哦。

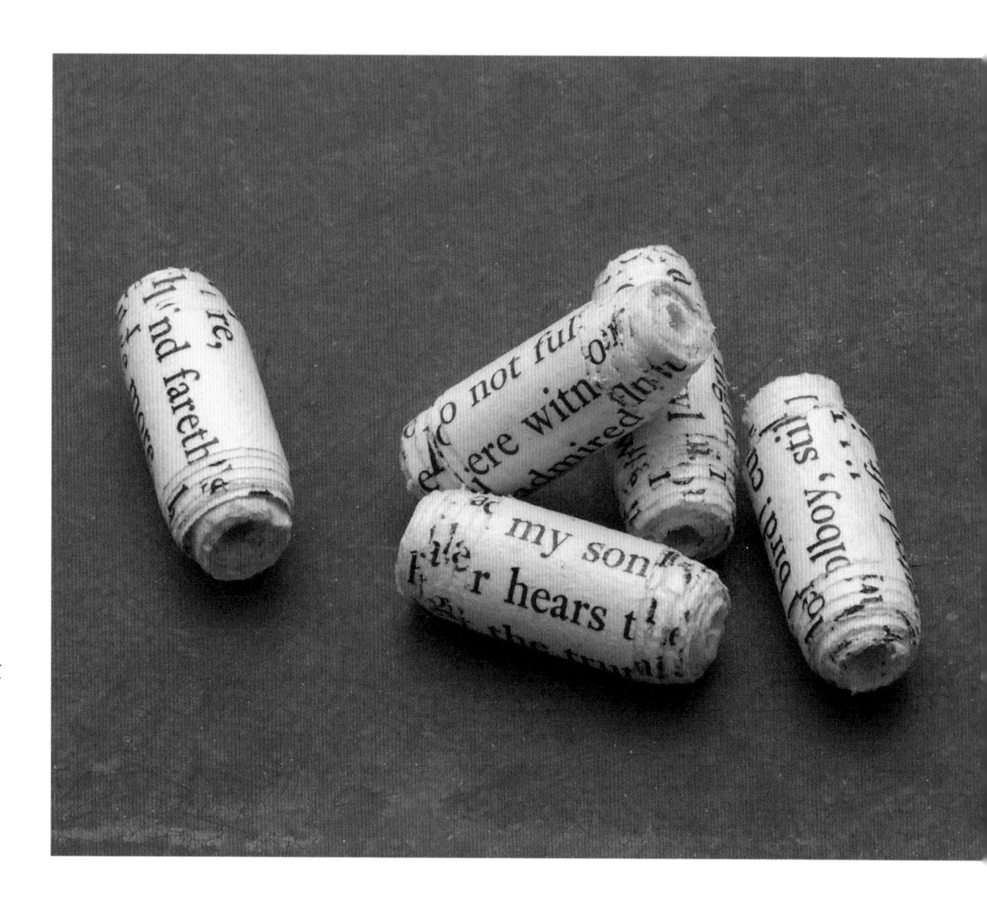

1.将书页的空白处切成2厘米宽的纸条。把它们放到一边。将书页的印刷区域纵向
成一端为2厘米宽和另一端为1.3厘米宽的锥形窄条。

2.使用工艺刀，将锥形窄条的末端修剪整齐。纸条末端的字会在珠子上清晰可见，
以要做出相应的取词计划。修剪长条，选一个有趣的词结尾（图1）。

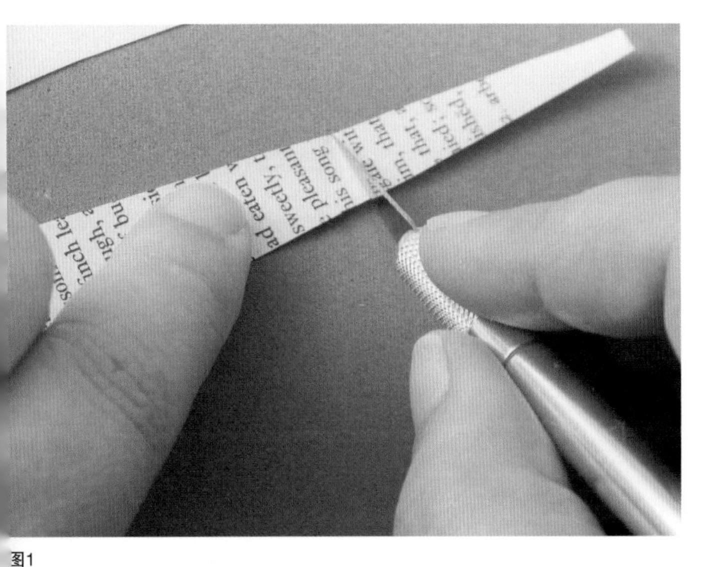

图1

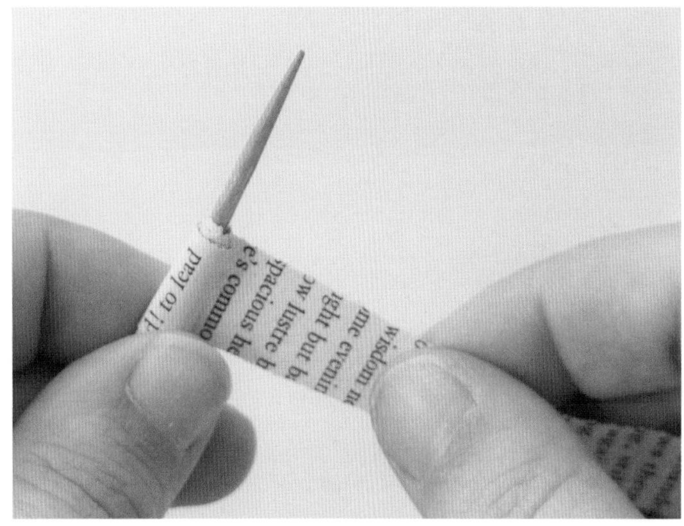

图2

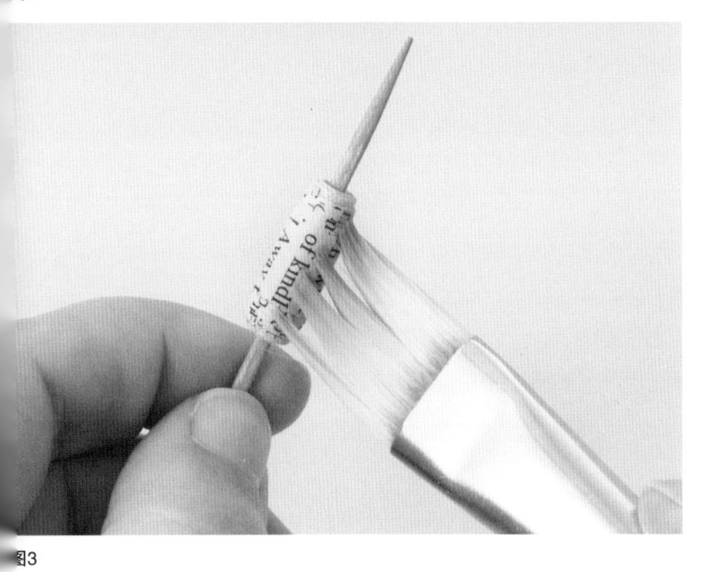

图3

3. 将其中一条空白边条缠绕在牙签上，留出2.5厘米的尾巴。将尾部粘在合适的位置，用力按压，直到胶水凝固。

4. 在珠子外面涂上胶水。选择一个锥形条。从较宽的一端开始，把它缠在珠子上，压紧，直到胶水凝固。继续用锥形条紧紧地包裹这个纸条，留出一条2.5厘米长的尾巴（图2）。

5. 用胶水把尾巴粘牢，然后用力按压，等待胶水凝固后把牙签上的小珠子取下来。

6. 把珠子串在一根新的牙签上，涂上光泽密封胶。将牙签插入泡棉砖中，等待密封胶彻底晾干（图3）。

LAB 21 仿铜吊坠

工具和材料

- 铅笔
- 圆模板（见下面的备注）
- 剪刀
- 水彩画纸
- 画笔
- 亚光密封胶（我用的是摩宝胶）
- 1.6毫米小打孔机
- 丙烯颜料（我用的是铜色、深青色和绿松石色）
- 34毫米金属坯料
- 7毫米跳环
- 2把链嘴钳

备注

如果你没有圆模板，可以用两个不同大小的瓶子底部来描圆。

小提示

一定要用珠宝钳来回推动吊环的两侧，一会儿打开吊环，一会儿关闭吊环。千万不要把吊环拉开。

在水彩纸上涂一层人造铜绿色，以便快速和简单地呈现金属制品的外观质感，不需要使用其他工具和化学品。这张纸被颜料和密封胶保护得很好，请将这些吊坠与金属坯料配对，升级为增强型。

1. 从水彩纸上剪下一个2.5厘米和一个3.8厘米的圆片。在纸上涂上一层薄薄的亚光密封胶，等它晾干（图1）。
2. 用打孔机在小圆的表面上均匀地打出小点点孔洞（图2）。
3. 在两个圆的表面涂一层人造铜绿色丙烯颜料。晾干后，把圆圈翻过来，涂另一面。
4. 用干画笔在其中一个圆圈的表面轻轻刷上一层暗蓝绿色颜料。让部分人造铜绿颜料露出来。等颜料晾干后，在另一边重复同样的操作（图3）。

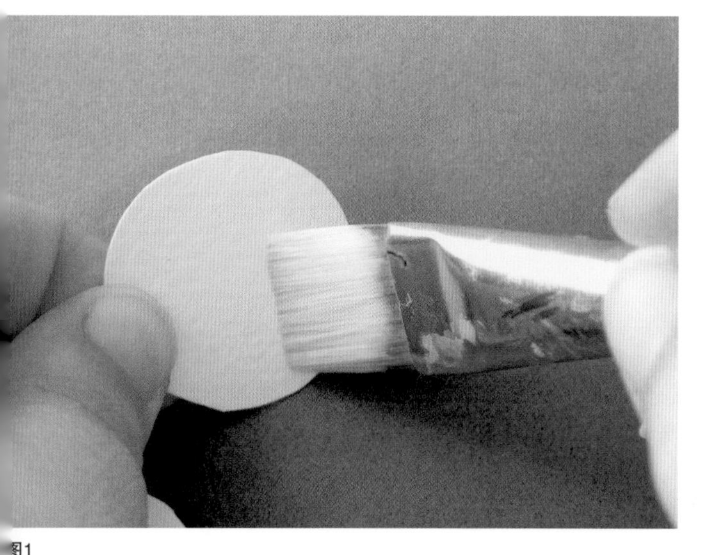

图1

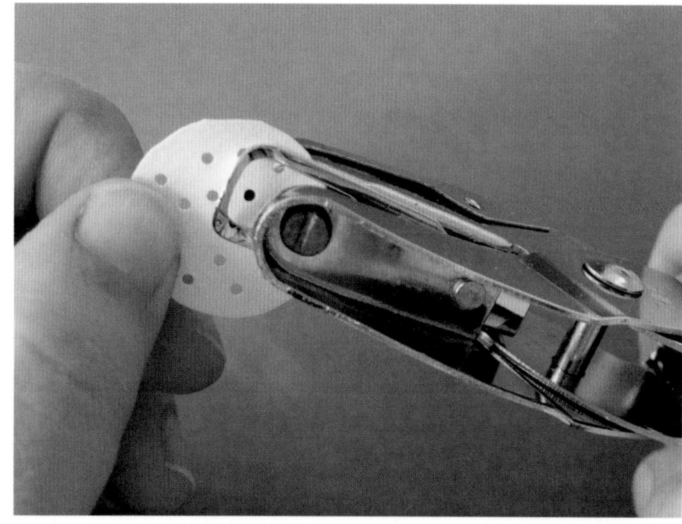

图2

图3

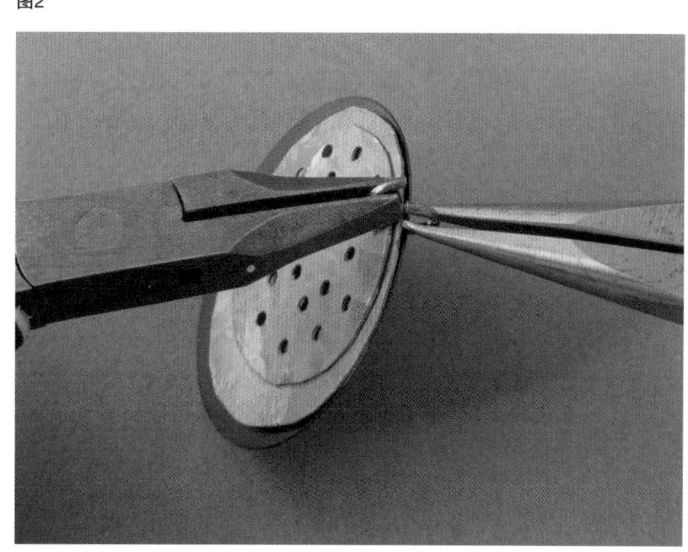

图4

.用浅绿松石颜料重复步骤4，让深色和铜色在某些区域显现出仿古铜色的感觉。等颜料完全干透后，把另一张圆形纸重复步骤4和步骤5，以同样的方式绘画。

.用亚光密封胶封住两个圆的表面，等纸片晾干。

7.将金属坯料、大圆和小圆叠在一起，在顶部打一个孔。用珠宝钳打开跳环并插入这个孔里。最后闭合跳环就完成了（图4）。

LAB 22 书香情怀珠

工具和材料

- → 书页
- → 铅笔
- → 工艺刀，新刀片
- → 金属尺
- → 画笔
- → 亚光密封胶（我用的是摩宝胶）
- → 废木块
- → 旋转锉，2毫米钻头
- → 400目打磨砂纸

这些微型纸堆是废品的绝佳方案。把它们和小坠饰搭配在一起，有非常浓厚的艺术气息。对顶层的文字进行创造性的处理，寻找你觉得有意义的短语或单词。你还可以在珠子上嵌入小照片。

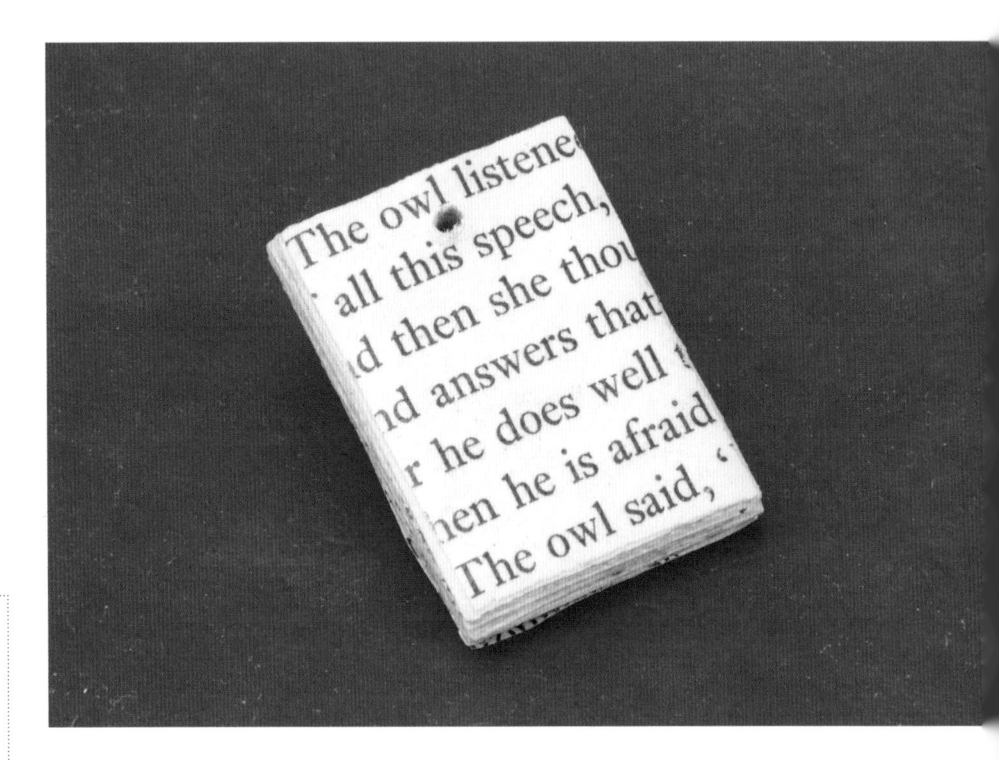

小提示

只有顶层和底层需要有文字，珠子的内部可以用空白页组成。

1.从书页中切下0.6厘米厚的理想尺寸。我切下的是2.2厘米×3厘米的矩形（图1）。

2.设计珠子的内部部分。在每一个小矩形的一面涂上一层亚光密封胶，一层一层地齐粘牢，直到达到0.48厘米的厚度为止。

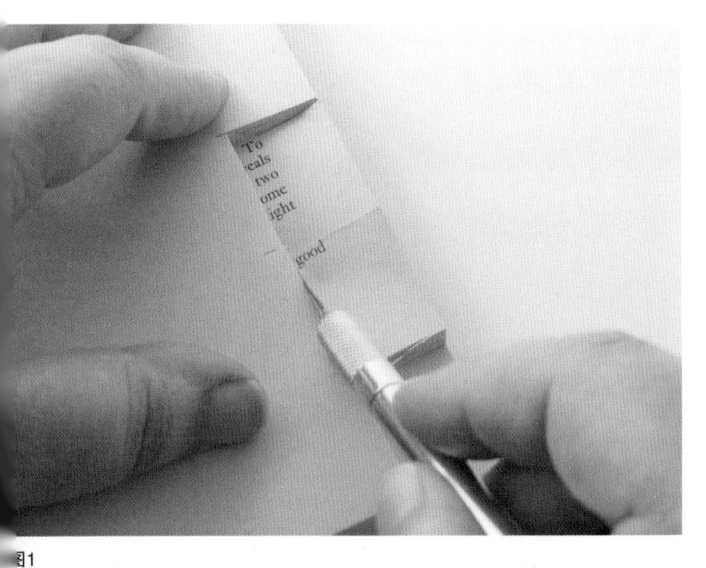

图1

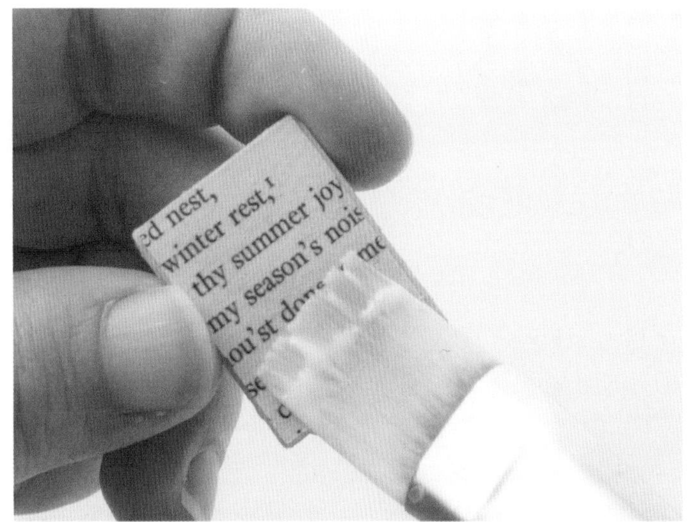

图2

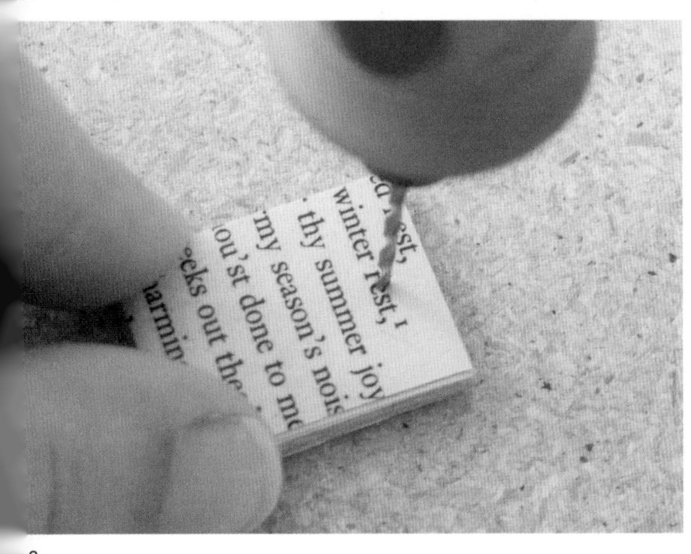

3

.选择两个带有你喜欢的单词的矩形纸条作为珠子的顶部和底部。用亚光密封胶把它们粘叠在一起。等待堆叠的纸条彻底晾干（图2）。

.在整个珠子上刷一层亚光密封胶，并等它晾干。

5.把珠子放在废木块上，用铅笔在你想要打孔的地方做个记号。用旋转锉慢慢地钻穿吊坠。最后用一小块砂纸打磨小孔附近的粗糙边缘就完成了（图3）。

LAB 23 木质硬币珠吊坠

工具和材料

- → 软木瓶塞
- → 小钢锯
- → 400目打磨砂纸
- → 画笔
- → 丙烯颜料（我用的是多面缎丙烯颜料，红薯色和黄夹克色，来自玛莎·斯图尔特工艺品公司）
- → 2枚小橡皮图章
- → 永久印台（我用黑色的Stazon月猫印台）
- → 废木块
- → 铅笔
- → 手持式风钻或旋转锉，2毫米钻头

这些珠子是由切成薄片的瓶塞制成的。如果你没有旧木塞，也不要担心，你可以很容易地在工艺品商店找到它们。软木非常轻，用软木切成的硬币非常适合做耳环。使用两种不同的橡胶印章来制作硬币的正面和背面。

1.抓住软木塞的一端，用钢锯切掉略厚于6毫米的软木塞（图1）。

2.软木塞的每一边都用砂纸打磨，使其表面光滑均匀。

3.在木塞的两面涂上丙烯颜料，先用较暗的颜色，再涂一层浅色（图2）。

4.把橡皮图章均匀地压在印台上，然后再压在硬币上。等墨水完全干透后，用另一印章在硬币的另一面重复压花步骤（图3）。

5.用铅笔在硬币上标出你想要打孔的位置。用手持式风钻慢慢地钻出小孔。最后用小块砂纸打磨小孔附近的粗糙边缘就完成了（图4）。

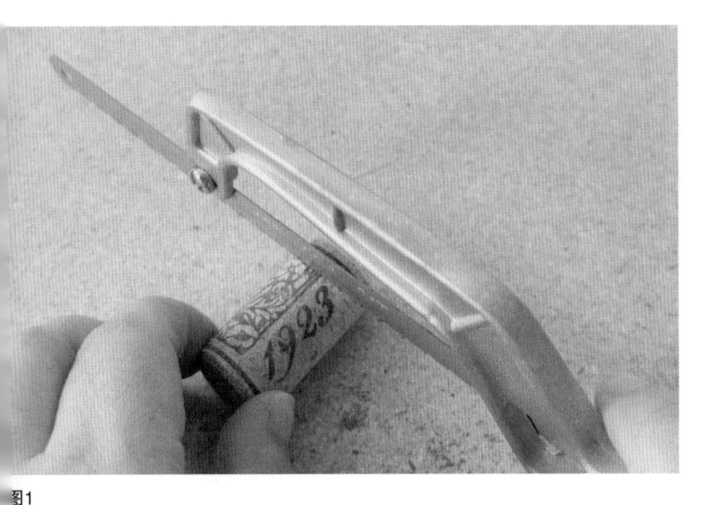

图1

图2

图3

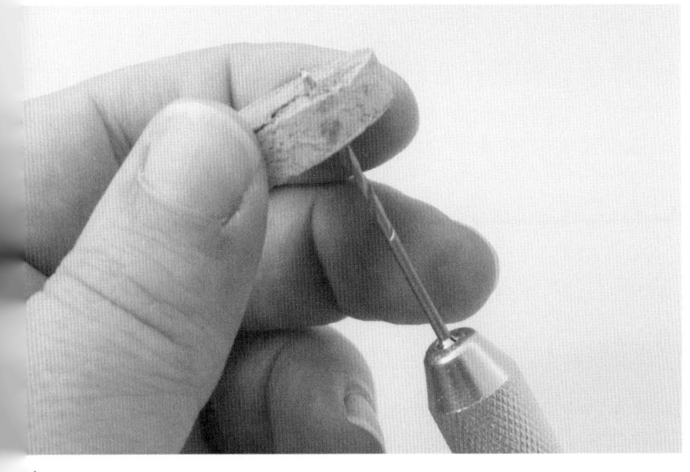

4

明星设计师：
◇卡特·艾文斯◇

奥利芙·比泰什的卡特·艾文斯创建了一个将软木材质升级为创意珠宝的帝国。她使用流行的图像和文字，搭配简洁风格的珠宝。卡特使用了几种形状的软木塞，有硬币形的，也有管状的。明亮和大胆的图形是她作品的统一风格。为保护环境尽自己的一份力，这是她的商业理念和崇高的艺术追求。卡特·艾文斯的作品常用可回收的金属材料精制而成，她将这些普通材料完美地融入了她的首饰当中。

their
feathers
sleek;
golden
wings

单元 03

塑料的基础知识

收缩塑料，可以在烤箱里烘烤，任由发挥你的创造力。你可以把你的设计画出来，贴上邮票，或者打印出来。颜色会随着塑料的收缩而变暗。根据品牌不同，塑料会比原来的尺寸缩小30%~50%。首先进行实验，并根据需要来调整原始设计的大小。

在一张牛皮纸上烘烤收缩塑料。我建议用打印机打印出来的图案烤好后，用亚光密封胶保护图案表面。如果需要在表面上涂颜料，就不需要涂抹密封胶了。

树脂是一种二态式环氧材料，一开始是液态的。当这种物质状态混合时，它们就会变硬和固化。你可以加入着色剂，用量少一些，否则使用过量会增加过多的水分。我喜欢用酒精墨水给树脂上色，只需要1~2滴。

这本书里的实验用的冰树脂是珠宝商用的。它干燥之后晶莹剔透，而且呈凸起状。树脂固化后会形成圆顶或圆形。如果你在模具中使用树脂，一定要使用脱模喷雾，这样可以帮助物品很容易地从模具中剥落，延长模具的寿命。在加入树脂之前，让脱模喷雾完全干燥。我比较喜欢浇铸工艺公司生产的脱模喷雾。

LAB 24 涂鸦坠饰

工具和材料

- → 罐盖（用于模板）
- → 永久性黑色马克笔
- → 不透明的收缩塑料
- → 剪刀
- → 6毫米大打孔机
- → 牛皮纸袋
- → 烤盘
- → 烤箱防热手套

用不透明的收缩塑料和永久性马克笔制作你的涂鸦坠饰。收缩塑料会彻底收缩，所以，一开始要画一个比你想象的大三倍的图画。用不同粗细的马克笔变换线条。让你的涂鸦作品保持简洁的几何形状，或者，用特别的图案来表达你的情感。

小提示

当你把面包托盘从烤箱里拿出来的时候，在手边放一小片纸袋。如果你的坠饰还没有完全变平，那就用受热后的托盘把它压平。

1.用马克笔在瓶盖上画一个圆形，并从收缩塑料上剪出比你想要的成品尺寸大三倍形状。对于一个2.5厘米的瓶盖来说，收缩塑料的初始尺寸应该是7.5厘米（图1）

2.在塑料有纹理的一面，用马克笔画出自己想要的图案（图2）。

图1

图2

图3

3.用打孔机在坠饰的顶部打一个孔（图3）。

4.将纸袋切开，等待备用。把坠饰放在切好的纸袋上，记得把绘画的一面朝上放置。

5.放入预热到150℃烤箱中烤1～3分钟。塑料做好后会变平的。等它变平了，再烤15秒，然后把它从烤箱里拿出来。一定要一直看着烤箱烤东西。烘焙过度容易使收缩塑料变得浑浊。

备选方案

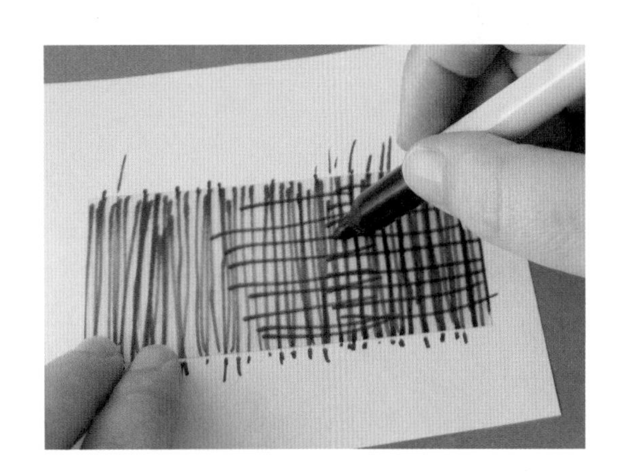

在矩形的收缩塑料上画上垂直线和水平线，这样可以增加涂鸦的现代感。

LAB 25 复古创意手镯

工具和材料

- 电脑和打印机
- 不透明的收缩塑料
- 剪刀
- 尺子
- 铅笔
- 6毫米大打孔机
- 牛皮纸袋
- 烤盘
- 烤箱防热手套
- 画笔
- 白色丙烯颜料
- 特优钢丝棉
- 微晶蜡（我用的是文艺复兴蜡）
- 毛巾或软抹布

小提示

在吊坠的顶部（不是侧面）打一个洞。用400目砂纸打磨边缘（在它们烘烤和冷却之后）。

我设计创意手镯的灵感一开始源于家用电脑打印出来的复古图像。graphicsfairy.com上有大量的图片资源，可供个人实验。为了呈现复古感，并软化塑料的外观，我使用钢丝棉打造了一个亚光表面。请记住，图像需要比你想完成的设计成品大三倍左右。

1. 搜索和下载你喜欢的图像，并重新调整为适当的大小；10～15厘米的图像最适合这个实验。将收缩塑料放入打印机，就像你将纸张放入打印机一样，确保图像将打印在塑料有纹理的一面。
2. 用剪刀剪下图案。
3. 从小手镯边缘开始标记两条3毫米短边的中心。用打孔机在中心标记处打孔（图1）
4. 将纸袋切开，平铺在烤盘上。把小手镯放在纸的上面，画好的一面朝上。因为塑料在收缩时会弯曲和折叠，所以每个小手镯之间应该相隔几厘米。

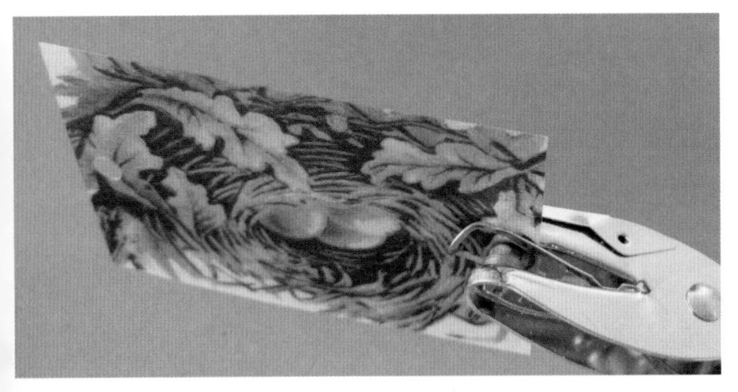

图1

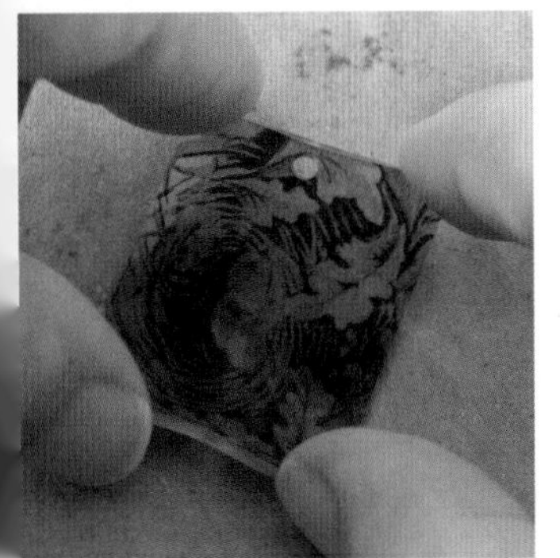

图2

图3

图4

5.烤盘放入预热的150℃烤箱中烤1～3分钟。塑料做好后会变平的。等它变平了，再烤15秒，然后把它从烤箱里拿出来。一定要一直看着烤箱烤东西。烘焙时间过得很快，过度烘焙的收缩塑料会变得浑浊。

6.最好在冷却的时候塑造小手镯的形状：捏紧小手镯的边缘，让小孔彼此靠近，形成一个轻微的曲线。切记，不要保温，让它完全冷却（图2）。

7.在小手镯背面涂上白色丙烯颜料。涂上一层就足够了。颜色干了就会渗出来（图3）。

8.用一小块钢丝棉在手镯上方做圆周运动，均匀地摩擦，使表面产生亚光效果（图4）。

9.在表面擦上一层薄薄的蜡。用毛巾或软抹布擦亮。

小提示

把你们尚未打印的残片留给实验24（涂鸦坠饰）去完成。

明星设计师：伊芳·欧文福斯

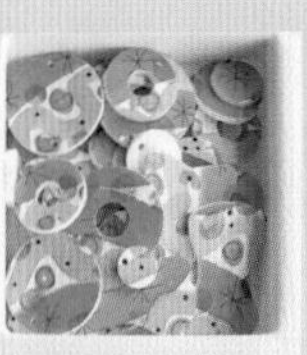
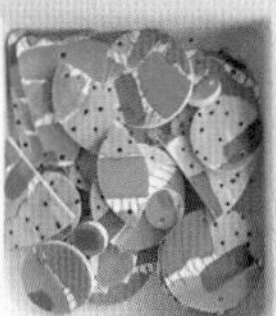

伊芳·欧文福斯是一个充满活力的画家，尽管她的画布十分微小！伊芳在收缩的塑料上画画，创造了她的珠宝配件系列，并由她的“伊芳零件公司”进行销售。她用大胆的线条和明亮的颜色保持了她童心未泯的基调。当你创造自己的珠宝时，想想你想要讲述什么颜色的故事。使用你的个人调色板去创造一系列珠子，展示独一无二的你。

LAB 26 蝴蝶坠饰

工具和材料

- 7.6厘米橡皮图章
- 永久印台（我用黑色的StazOn月猫印台）
- 不透明的收缩塑料
- 永久性马克笔
- 剪刀
- 6毫米大打孔机
- 牛皮纸袋
- 烤盘
- 烤箱放热手套

这些蝴蝶坠饰是用橡皮图章制作的，记号笔涂了颜色。用它们各自做一对耳环，或者，在每个翅膀上打一个孔，把三个以上的耳环连在一起，做成一条精致的项链。

1.将橡皮图章上的图案印在收缩塑料的纹理面上，并等待墨水干掉。

2.用马克笔给印花图案上色，从中心涂到边缘。请记住，当塑料被烘烤时，颜色会变得相当深（图1）。

3.用剪刀剪出蝴蝶形状。当心蝴蝶的细长触角，可别剪断了（图2）。

图1

图2

图3

4.如果你要做耳环，可以用打孔机在其中一个翅膀的顶部打孔；如果要做项链或手镯，可以在两个翅膀上打孔。

5.将纸袋切开，平铺在烤盘上。把剪好的蝴蝶放在纸上，压印的一面朝上。因为塑料在收缩时会弯曲和折叠，所以，每只蝴蝶之间应该间隔几厘米放置。

6.在预热150℃的烤箱中烘烤1～3分钟。蝴蝶在烘烤的时候会卷起来，然后膨胀变肥，这时候，工作算已经完成。立即将烤盘从烤箱中取出，等待坠饰冷却（图3）。

LAB 27 照片坠饰

工具和材料

- 照片
- 电脑和打印机
- 不透明的收缩塑料
- 剪刀
- 6毫米大打孔机
- 牛皮纸袋
- 烤盘
- 烤箱防热手套
- 画笔
- 亚光密封胶（我用的是摩宝胶）

小提示

使用免费的在线图片拼贴软件来制作你的魅力拼贴。

把你的度假快照变成珍贵的小饰品，留下特别的回忆。随着塑料的收缩，图像会变暗，所以，请选择对比度好的明亮图像。

1.用在线图片编辑软件调整你的图片大小，使其宽度达到7.5~15厘米。一个7.5厘米图片可以制成一个2.5厘米的坠饰。将收缩塑料放入打印机，就像你将纸张放入打印机一样，确保将图像打印在有纹理的塑料一面。把图像打印出来。

2.用剪刀剪下图案（图1）。

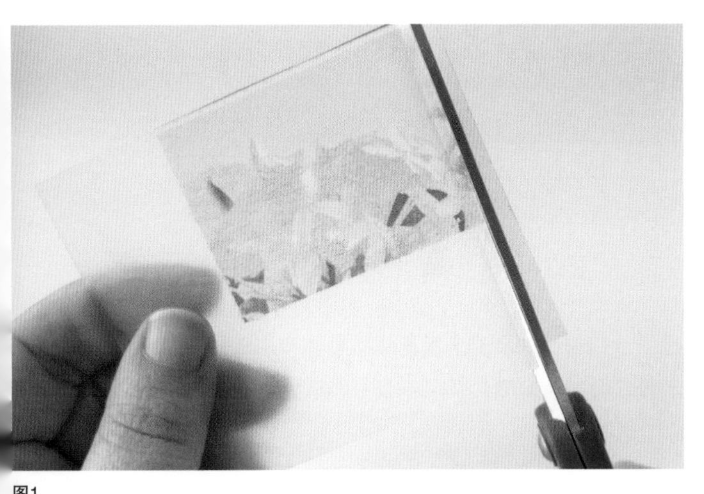
图1

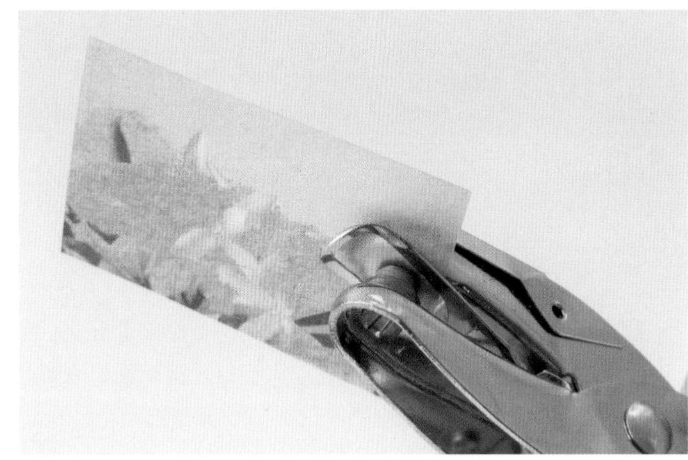
图2

图3

3.在每个图像的顶部打一个孔（图2）。

4.将纸袋切开，平铺在烤盘上。把剪好的图片放在纸上，压印的一面朝上。因为塑料在收缩时会弯曲和折叠，所以，图片与图片之间应该间隔几厘米放置。

5.将烤盘放入预热的150℃烤箱中烤1～3分钟。塑料做好后会变平的。等它变平了，再烤15秒，然后把它从烤箱里拿出来。注意，烘焙时间过得很快，过度烘焙的收缩塑料会变得浑浊。

6.当坠饰完全冷却后，在图像上涂上一层薄薄的亚光密封胶就完成了（图3）。

LAB 28 火柴拼接地理彩图

工具和材料

- 不透明的收缩塑料
- 薄乳胶手套或浮石肥皂和擦洗海绵
- 2种颜色的酒精油墨（我用的是黄色和深青色）
- 画笔
- 纸巾
- 永久性油性马克笔（我用的是金色记号笔）
- 尺子
- 铅笔
- 剪刀
- 6毫米大打孔机
- 牛皮纸袋
- 烤盘
- 烤箱防热手套

小提示

酒精油墨很难从手指上去除。请戴上薄乳胶手套，或者，如果一不小心手上沾了油墨，请立即用浮石肥皂和擦洗海绵擦拭手指。

受古斯塔夫·克里姆特画中金线作品的启发，我用酒精墨水和永久性油性金色马克笔创作了这些几何图案。在粉刷和装饰之后，我把它们切成长条，做成火柴棍图案的小饰物。它们就像耳环一样漂亮。

1. 在工作台上放一张18厘米×18厘米的收缩塑料，有纹理的一面朝上。在收缩塑料上滴几滴深青色酒精墨水。用画笔将墨水均匀地涂在塑料上（图1）。

2. 在表面均匀地滴上几滴黄色墨水。这些水滴会产生一个环形，或者说，这是涟漪效应。用纸巾轻轻擦拭多余的墨水。重复一遍刚才的操作，在黄色墨水上面加上更多的深青色墨水，接着放在一边等待晾干（图2）。

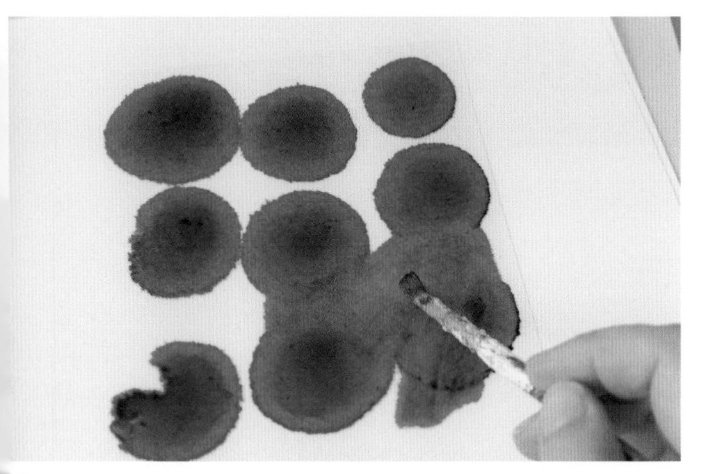

图1

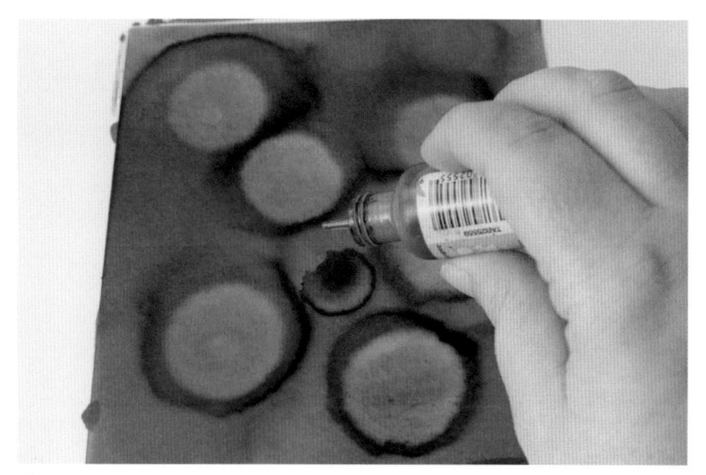

图2

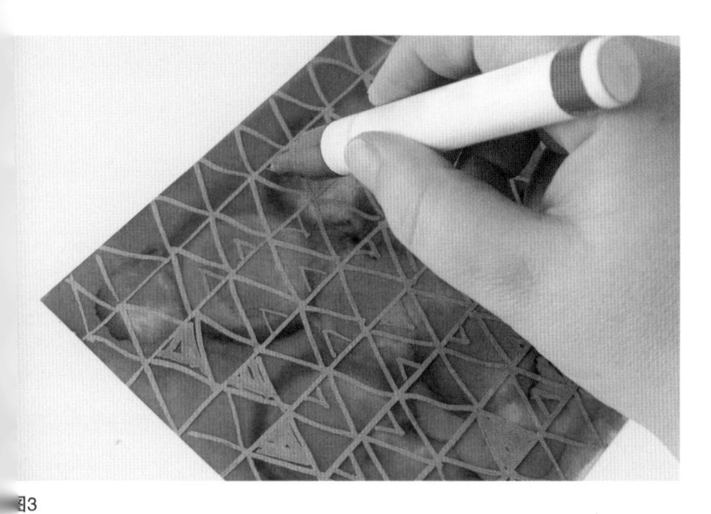

图3

3.待墨水完全干透后，用马克笔在塑料片上作画。在这个实验中，我画了直线，然后是三角形。我还用图案填充了几个三角形（图3）。

4.用尺子和铅笔在塑料薄片上画一个2.5厘米×8.9厘米的矩形。用剪刀剪下矩形，并在每个矩形的顶部打一个孔。

5.将纸袋切开，平铺在烤盘上。把剪好的矩形放在纸上，压印的一面朝上。因为塑料在收缩时会弯曲和折叠，所以，矩形与矩形之间应该间隔几厘米放置。

6.将烤盘放入预热的150℃烤箱中烤1～3分钟。塑料做好后会变平的。等它变平了，再烤15秒，然后把它从烤箱里拿出来。一定要注意，烘焙时间过得很快，过度烘焙的收缩塑料会变得浑浊。

小提示

如果你想设计一个底部有吊坠的耳环，烘焙前在每个矩形的顶部和底部打一个洞。再点缀一些小玻璃珠或小黄铜星星，可以让耳环增色不少。

LAB 29 人造海玻璃珠

工具和材料

- 二段式模压腻子
- 蜡纸
- 海胆壳或贝壳
- 脱模剂
- 二态式环氧树脂
- 酒精油墨（我用的是Ranger品牌的阿迪朗达克酒精油墨）
- 画笔
- 量杯
- 搅拌棒
- 浅塑料容器（带盖），内装6毫米厚的生米层
- 剪刀
- 废木块
- 旋转锉，2毫米钻头

小提示

在树脂凝固后，对着上面吐一口热气，会释放出不少气泡。另一个技巧是在模具上快速挥动压花枪，高温会释放出气泡。

这些珠子模仿了海玻璃的形状，灵感来自大海。在树脂中加入酒精墨水就能得到透明的颜色。

1.捏取等量的两种腻子材料。把这些材料挤压和折叠起来，要完全混合在一起。把它们搓成一个圆球，放在蜡纸上。

2.将海胆壳压入腻子中，留下深深的印痕，并混在腻子里，直到它变硬，通常需要10～15分钟（图1）。

3.将海胆壳从模具中取出，在压痕上喷洒脱模剂。为这个实验多做几个不同的模具。

4.将等量的两种树脂材料混合在一个杯子中。每批至少混合118毫升树脂。用搅拌棒慢慢搅拌这两种物质，大约1分钟，注意不要产生气泡。

5.加入一两滴酒精墨水，继续搅拌，直到完全混合（图2）。

6.把模具放在浅容器里，用大米稳定模具，并确保所有的模具都喷过脱模剂。

7.将树脂慢慢倒入模具中。不要装得太多（图3）。

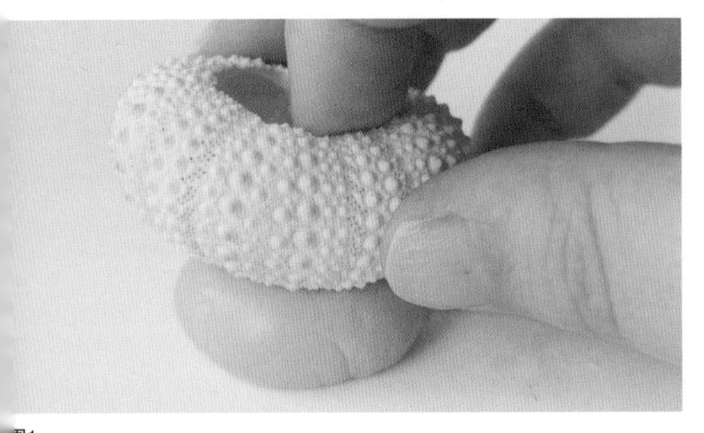

图1

图2

图3

图4

3.树脂喜欢干燥且温暖的空气，在这种条件下它会干得更快。树脂一般需要12小时才能凝固。12小时后，树脂会被固化，足以把你的珠子从模子里取出来。接着用剪刀剪掉珠子不平的边缘。在打孔前，把珠子放在干燥的地方再固化12个小时（图4）。

4.最后用旋转矬在顶部钻一个孔就完成了。

备注

等待树脂完全固化，通常在浇注72小时后，再将模塑珠子储存在密封容器中。

备选方案

你可以为这个实验做一个模具，让你的想象力去自由驰骋吧！我的备选方案使用了玫瑰花瓣吊坠（实验9）中的按钮模具。

LAB 30 炫目晶簇坠饰

工具和材料

- → 玻璃亮片（我用的是金属质感色）
- → 金属凹形底座
- → 浅塑料容器（带盖），内装6毫米厚的生米层
- → 二态式环氧树脂（我用的是冰树脂）
- → 量杯
- → 搅拌棍或搅拌容器

在珠宝制作中，晶簇迷幻是一种特殊的效果，就像微小的晶体在五颜六色的矿物上生长。令人眼花缭乱的水晶与珠子结合，并做成吊坠。撒上玻璃亮片和树脂后使这些面包圈形状的坠饰闪闪发光，配合金属凹形底座会显得更加漂亮。用不同的尺寸来创作你自己的晶簇灵感作品吧。

1.在金属凹形底座上面撒一层亮片。再把凹形底座放进装满米的浅容器里（图1）。

2.将等量的两种树脂材料混合在杯子中，至少混合118毫升树脂。用搅拌棒慢慢搅这两种物质，大约1分钟，注意不要产生气泡。

图1

3.将少量的树脂倒入每个底座中，或用搅拌棒将树脂滴入。注意不要填得太满。在底座上面吹一口热气，可以释放气泡（图2）。

4.用塑料盖子轻轻地盖住底座，但不要密封。让树脂固化24小时。24小时内不要碰它，否则你会在树脂上留下指纹。

2

LAB 31 文字魔咒吊坠

工具和材料

- → 铜绿颜料（我用的Vintaj品牌的铜绿颜料）
- → 旧塑料盖子
- → 金属坯料（我用的是Vintaj品牌的羽毛状坯料）
- → 画笔
- → 剪刀
- → 书页
- → 快干胶
- → 亚光密封胶（我用的是摩宝胶）
- → 二态式环氧树脂
- → 量杯
- → 搅拌棒
- → 浅塑料容器（带盖），内装6毫米厚的生米层

从旧书中剪下一句有诗意的话，做一个仿珐琅吊坠。这个过程是从金属坯料开始的。在这个实验中使用一个羽毛状坯料，或者，展开你的想象力，设计一个独一无二的形状。当然，可以去文具店找找灵感哦。

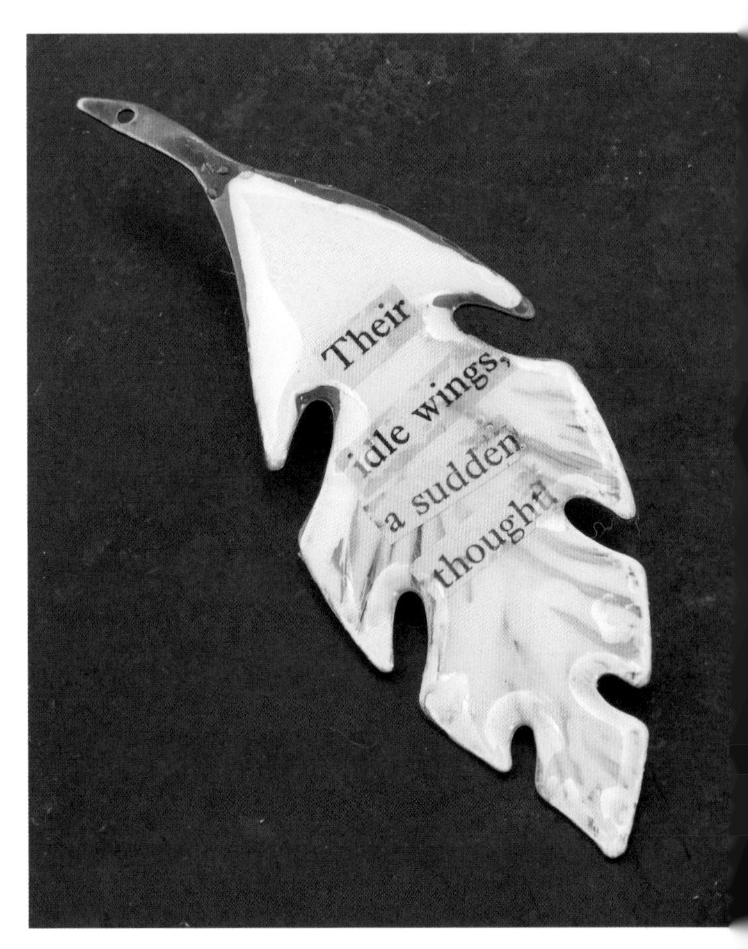

1. 从金属坯料的顶部开始，刷上一层铜绿色颜料，注意避开坯料的边缘。当你涂色近羽毛底部的时候，让画笔的笔触显现出来，画出羽毛的感觉来，接着放置在边，等待颜料完全干透（图1）。

2. 从书页上剪下想要的单词或短语。把剪纸用胶水粘在毛坯板上。用亚光密封胶封纸的表面（如果你跳过这一步，页面背面的文字可能会渗出来）。等待密封胶干（图2）。

图1

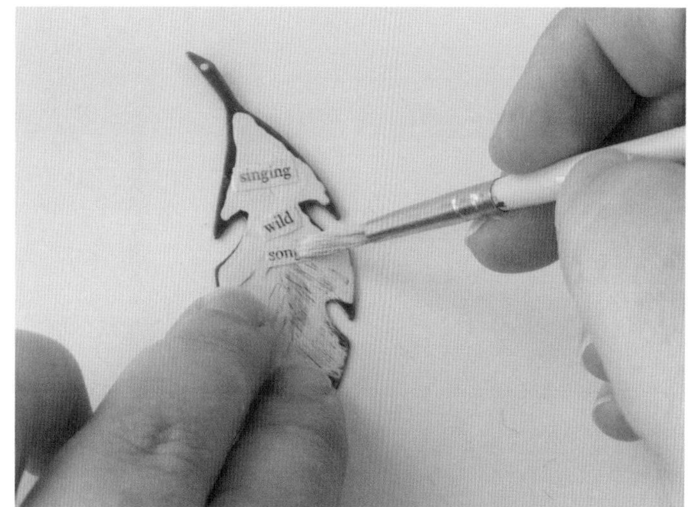

图2

图3

.在量杯中混合等量的树脂。慢慢搅拌约1分钟，避免产生气泡。

.将毛坯板放入浅塑料容器中。大米能使毛坯保持平稳。

5.用搅拌棒将一层薄薄的树脂滴在毛坯板的中心。用木搅拌棒将树脂均匀地涂抹在绘画表面上，避免涂到坠饰的边缘（图3）。

6.让树脂固化12～24小时，这段时间请勿触摸。将盖子盖在容器上（不需要密封容器），防止树脂固化时沾染灰尘。

LAB 32 闪亮花儿吊坠

工具和材料

- 古色古香的老照片
- 电脑和打印机
- 不透明的收缩塑料
- 剪刀
- 6毫米大打孔机
- 牛皮纸袋
- 烤盘
- 烤箱防热手套
- 画笔
- 白色丙烯颜料
- 二态式环氧树脂
- 量杯
- 搅拌棍或搅拌棒
- 浅塑料容器（带盖），内装6毫米厚的生米层

小提示

把你们尚未打印的残片留给实验24（涂鸦坠饰）去完成。

用树脂覆盖一个古老的装饰挂件是一个实用的小技巧。树脂就像放大镜一样，突显出你想要展现的照片或者图案。

1.在网上找一些老照片，并重新调整为适当的大小；10.2~15.2厘米的图像最适合这个实验。将收缩塑料放入打印机，就像你将纸张放入打印机一样，确保图像将打印在塑料有纹理的一面。

2.用剪刀剪下图案。

3.在每个图片的顶部打一个孔（图1）。

图1

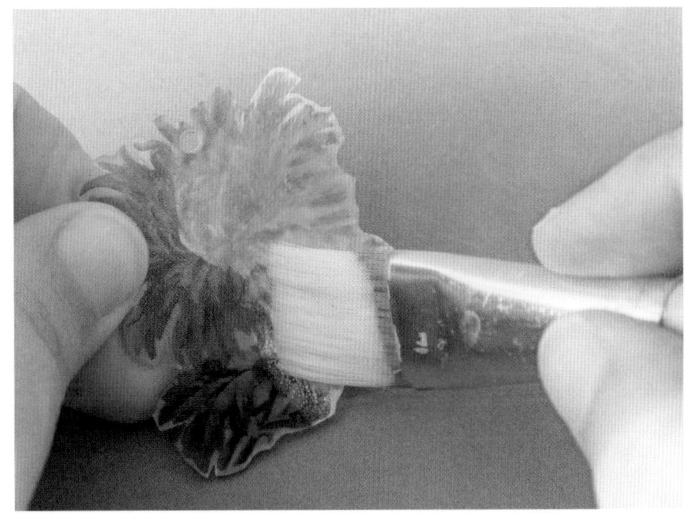

图2

图3

4.将纸袋切开，平铺在烤盘上。把剪好的图片放在纸上，压印的一面朝上。因为塑料在收缩时会弯曲和折叠，所以，图片与图片之间应该间隔几厘米放置。

5.将烤盘放入预热的150℃烤箱中烤1～3分钟。塑料做好后会变平的。等它变平了，再烤15秒，然后把它从烤箱里拿出来。一定要注意的是，烘焙时间过得很快，过度烘焙的收缩塑料会变得浑浊。

6.在吊坠的背面涂上白色丙烯颜料。涂上一层就足够了。颜色干了就会渗透出来（图2）。

7.在量杯中混合等量的树脂。慢慢搅拌约1分钟，避免产生气泡。

8.把吊坠平放在容器里的生米层。将一层薄薄的树脂滴在吊坠的中心，然后用木制搅拌棒将树脂均匀地铺在吊坠的表面，避开吊坠上的孔（图3）。

9.让树脂固化12～24小时，固化时请勿触摸。将盖子盖在容器上（不要完全盖紧，留出一些空隙），防止树脂固化时灰尘沉降。

本期制珠商嘉宾

珍·库什曼

珍·库什曼是一位富有创新精神的珠宝制造商，多年来一直是冰树脂的创意合作伙伴
一。珍在全国各地教授她独特的课程，将钢丝、金属、树脂和黏土混合在一起。她不拘一格
设计源于对许多灵感的探索，也是大胆玩转各种材料的成果体现。

问：珍，你的艺术生涯起步晚了。你是如何开始制作珠宝的?

答：我总是告诉别人，文字是我的天赋，艺术是我的激情。我生来就很有创造力，
且一辈子都是个工匠。我上高中的时候，有个很棒的英语老师，他说我是个出色的
家，还建议我在校报上发表文章。我很喜欢新闻工作，我决定这就是我的人生，兼
做些手艺活儿。1999年当我儿子出生时，我发现了混合材质拼贴艺术（当时称为
改艺术）一直延续至今。我虽然是珠宝制造商，但我仍然认为自己是一名混合材质
贴艺术家。虽然我在高中时曾涉足珠宝制作，但直到2006年与苏珊·勒纳特·卡
默一起成立工作室后，珠宝制作才成为我关注的焦点。她的创新技术和标志性风格
我感到惊艳。我写了关于她的故事，我们成了朋友，最终成了生意伙伴。

问：文字和图像是你的珠宝首饰中反复出现的主题，你去哪里寻找灵感呢？

答：对我来说，文字和图像一样强大。在我的工作中，二者缺一不可。像大多数艺术家一样，我先在脑海中构思出画面。我能发现各种形状、颜色、线条，我知道我创作时想用什么材料和技术。我还可以发现许多有意思的文字，这些文字和图像组成了故事情节，相辅相成。我的灵感来自生活，我喜欢把美好的事物用照片记录下来。在照片的某个地方，会出现一个词、一行诗或一个短语，这些足以引起了我的注意，好看的色彩也是。当我在自己的工作室时，所有这些随机的东西都会以设计和故事情节的形式组合在一起，并制作成饰品展现出来。

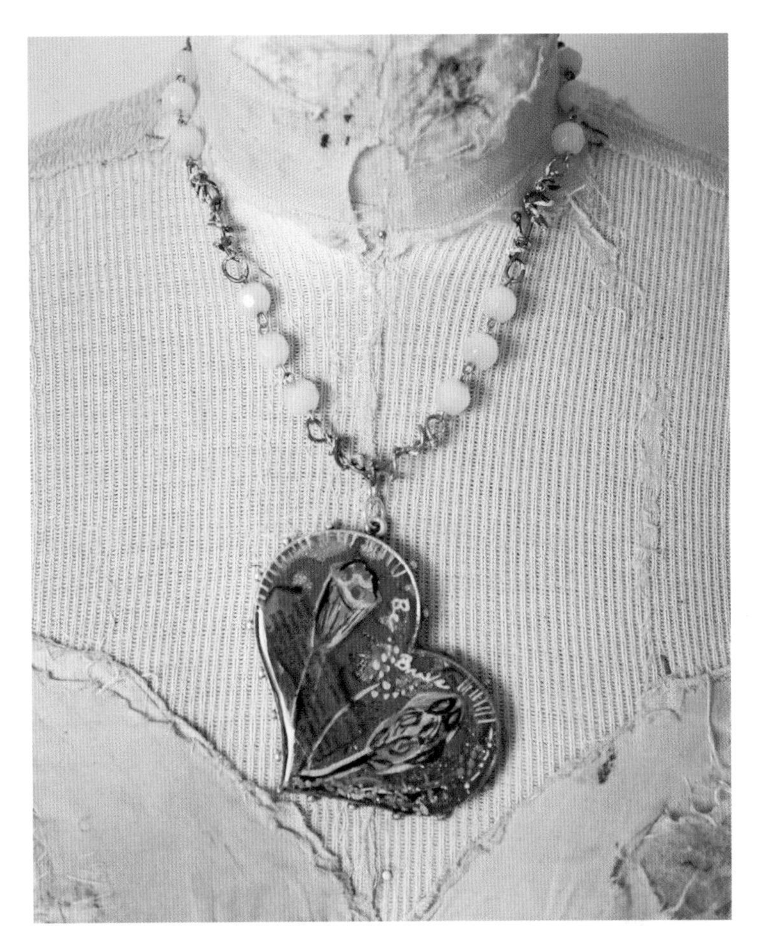

问：你是如何将灵感转变成作品的呢？

答：有时候我会画草图，把想法写进我的艺术日记里。但大多数时候，这些想法都藏在脑子里，只要我在工作室，就能接触到它们。一个有强迫症的朋友说："你把一切都藏在眼皮后面啦。"然而，有些我最喜欢的珠宝，是在我疯狂创作的时候（通常是为了赶时间）和在我的工作室里寻找各种各样的零碎杂物时偶然发现的。许多创意是在我创作作品的过程中出现的，而不是事先就有的。

问：你用树脂创造作品时的三大技巧是什么？

答：（1）当你倒酒的时候，确保你的工作室温暖舒适。树脂喜欢21℃或更高的环境温度。我住在亚利桑那州，所以，当我的工作室温度升至32.2℃的时候，树脂会"稀释"，这意味着我得更努力工作，使圆顶在凉爽的天气自然形成。相反，对于那些在寒冷天气制作珠宝的艺术家来说，如果把树脂瓶放在热水碗里加热，树脂浇注会更容易。

（2）记住，当你把小吊坠嵌入树脂边框时，你是在把空气引入已经浇注的树脂中。在树脂固化的过程中，被困住的气泡会慢慢浮到表面。如果树脂处于液体状态时不打孔，等树脂干燥后，需要用旋转工具或软轴打孔。然后你可以混合更多的树脂，再添加一层。用牙签或铁丝将液体树脂插入钻孔。

（3）只要你测量出两种化合物的等份，并将二者完全混合在一起，就几乎不可能弄乱树脂。如果24小时后吊坠边框仍然黏着，你可以再混合一些树脂，再添加一层。只要你用1:1的比例充分混合，每次都能得到完美的成品。

单元
04

后院里的“珍宝”

自然万物的基础知识

把大自然中发现的“珍宝”转化成珠子，将记忆永久地保存下来。无论是在沙滩上玩一天，还是在树林里快乐地散一次步，都是你的灵感来源，你可以用天然的纪念品制作出独一无二的珠子。

海滩玻璃和鹅卵石

在钻探玻璃和石头时，要戴上安全眼镜，并使用金刚石钻头。我喜欢用2毫米的钻头钻一个小孔。保持钻孔材料湿润，以延长钻头的使用寿命，并在钻孔时保持材料凉爽。没必要把东西浸在水里，喷雾瓶就很好用。

在玻璃和石头上钻孔时产生的灰尘要保持湿润，这样灰尘就不会飘到空气中。为了防止污泥变干，扩散到空气中，应立即清除污泥。因此，我总是随身带着婴儿湿巾。

树木和木材

树枝类材料需要完全干燥几天后再进行加工处理。木材需要密封保护，还要打造一个光滑的表面，方便使用。木珠在密封之前，先用砂纸彻底打磨一下。

使用软巴沙木的制作实验必须进行密封，以打造一个坚硬的表面。在木材被密封之前，甚至一个指甲都能把表面弄凹陷。

LAB 33 钻孔海滩玻璃

工具和材料

- → 原始的海滩玻璃
- → 废木块
- → 水喷瓶
- → 安全眼镜
- → 2毫米金刚石钻头
- → 旋转工具（电池操作优先）
- → 婴儿湿巾

玻璃打孔并不难，但需要耐心和多加练习。钻平板玻璃比较容易。

1.把海滩玻璃放在废木块上，往玻璃上喷些水。

2.戴上安全眼镜。把玻璃片牢牢地固定在木块的一端。手里拿着旋转钻，瞄准离你稍远一点的角度，在玻璃上钻一个浅浅的标记，然后开始钻孔（图1）。

3.向玻璃上喷水，把钻头直接举到步骤2标记的正上方。打开电钻，直接钻进玻璃。

图1

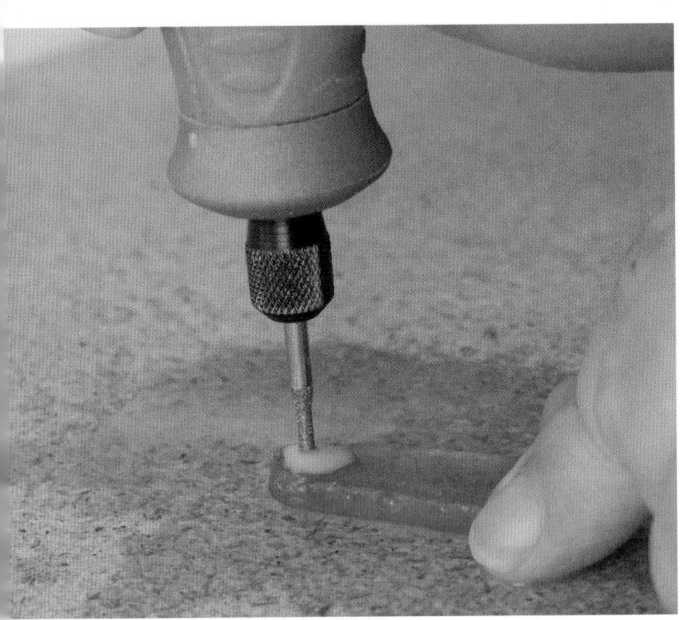

图2

4.抬起钻头，再喷点水后继续钻洞。重复这个过程，循序渐进，直到钻头穿过玻璃。别太用力，否则玻璃会碎的。时刻保持玻璃湿润（图2）。

5.把这片玻璃翻过来。用水喷一下。从后向前钻孔，最后磨平边缘。

6.在玻璃上喷点水，用婴儿纸巾将木块上的玻璃屑和小碎片擦干净，擦完后小心丢弃。

明星设计师：
◇ 史黛西·露易丝·史密斯 ◇

屡获殊荣的珠饰制造商史黛西·露易丝·史密斯在她的珠宝中采用了一种全新的混合材质拼贴艺术。她将海滩玻璃、石头、陶泥、金属黏土等大自然元素融合在她的创作中。是什么让她的首饰风格看起来如此别具一格呢？她可是一个使用电线创作饰品的能手。她在海滩玻璃和石头上钻孔，然后用金属丝把它们串联起来，做成质朴的乡村风格首饰。

LAB 34 镀金的鹅卵石

工具和材料

- → 钻过的沙滩卵石（见下面的备注）
- → 油性马克笔（我用的是“三福”记号笔）
- → 压花枪
- → 废木块

备注

沙滩卵石的钻孔方式与海滩玻璃完全相同。请参考Lab33。

我用油性的永久记号笔给这些沙滩卵石镀金。这种效果既有趣又时髦。在为钻探收集卵石时，寻找表面光滑且平坦的灰色、奶油色或棕色卵石，它们是沉积岩，比粗糙的火成岩或石英更容易钻。

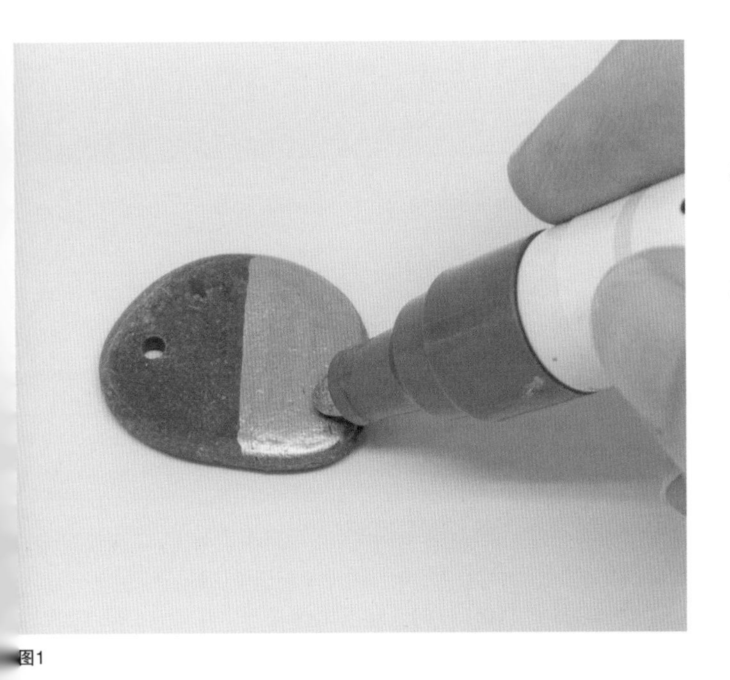
图1

图2

1.在工作台上放一块钻过孔的卵石。用金色记号笔在卵石底部向上1/3处画一条线。

2.在卵石周围画上均匀的水平线，覆盖底部的1/3。在空白处填上颜色（图1）。

3.等待金色墨水变干。把卵石放在木块上。用压花枪均匀加热20~30秒。让卵石冷却。翻过来，重复一遍（图2）。

备选方案

小心地在小石头的中间钻孔来制作珠子。

LAB 35 海洋小吊坠的寄语

工具和材料

- → 软陶（我用的是白色普莱默元件）
- → 贝壳
- → 画笔
- → 液体半透明软陶
- → 8毫米跳环
- → 亚克力滚筒
- → 小英文字母橡皮图章
- → 烘烤片
- → 酒精油墨（我用的是Ranger品牌的阿迪朗达克酒精油墨）
- → 薄乳胶手套或浮石肥皂和擦洗海绵
- → 塑料盖
- → 婴儿湿巾

用陶泥、电线和橡皮图章，你可以把一个贝壳变成一个小宝贝。这个实验使用跳环把贝壳变成小吊坠。还可以选择具有珠光效果的软陶来设计闪闪发光的小物件。

小提示

酒精油墨很难从手指上去除。请戴上薄乳胶手套，或者，请立即用浮石肥皂和擦洗海绵擦拭手指。

1. 将一小块黏土放在手掌中揉成一个球，并找一块大小合适的贝壳。在贝壳的内部上透明的液体黏土，压扁成贝壳形状（图1）。
2. 将跳环的1/3嵌入贝壳顶部的陶泥中，并在跳环嵌入部分的顶部粘上一小块扁平陶泥加以固定，记得用手指把边缘弄平整（图2）。
3. 用亚克力滚筒将黏土表面压平。

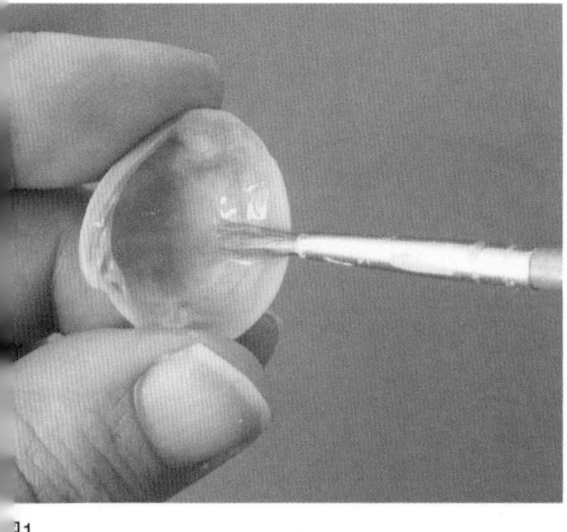

图1

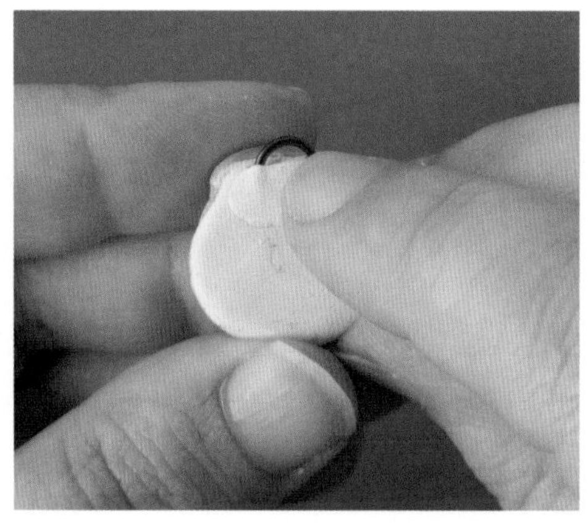

图2

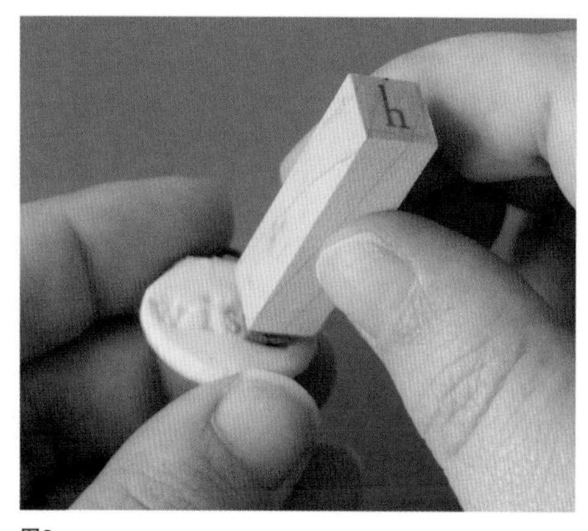

图3

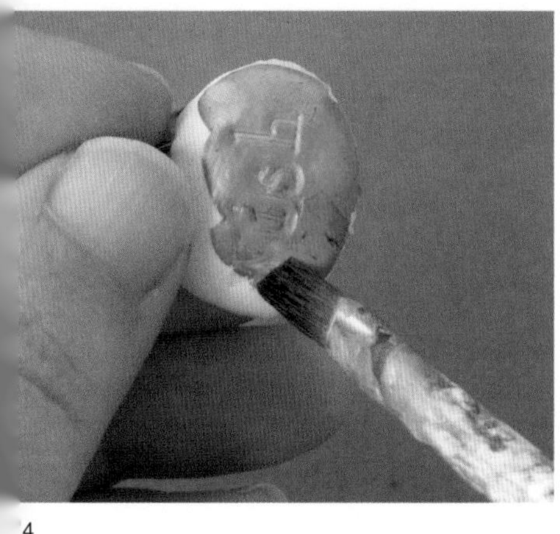

图4

图5

4.把字母橡皮图章按压进黏土里（图3）。

5.把吊坠放在烤盘上，按照操作说明书进行烘烤，等待晾干。

6.在塑料盖子上滴几滴酒精墨水。在黏土表面涂上颜料。用婴儿湿巾擦去表面多余的墨水，让墨水留在压好的字母上等待墨水干透（图4）。

7.把贝壳面朝上。在塑料盖子上再滴几滴酒精墨水。从壳底部开始刷上一层浅墨。接着刷向壳的顶部。通过在贝壳底部2/3处重复涂上另一层墨水，创造一种渐变色的效果，等墨水干透。重复这一步骤，在贝壳底部1/3处涂上第三层（图5）。

备注

不要对贝壳打孔。吸入灰尘可能会有危险。

LAB 36

浮木珠

工具和材料

- 浮木条
- 小钢锯
- 安全玻璃
- 废木块
- 带2毫米钻头的旋转工具
- 打磨桶
- 18号镀锌钢丝
- 画笔
- 聚氨酯木器封闭漆（我在缎子里用了小蜡多晶体）
- 串珠架

备注

收集浮木时，要确保它不容易折成两半。在使用这些小碎片之前，先晾一天。

把浮木切成小块，制作出质朴的、乡村风格的珠子。把它们用在海滩或者森林主题的首饰上。

1.用力抓住一块浮木的一端。用钢锯锯下1~2厘米长的小块（图1）。

2.戴上安全眼镜。在木块上放置一个浮木珠子。牢牢握住浮木珠的外缘，用旋转工具和钻头，慢慢地纵向对着珠子的中心钻孔（图2）。

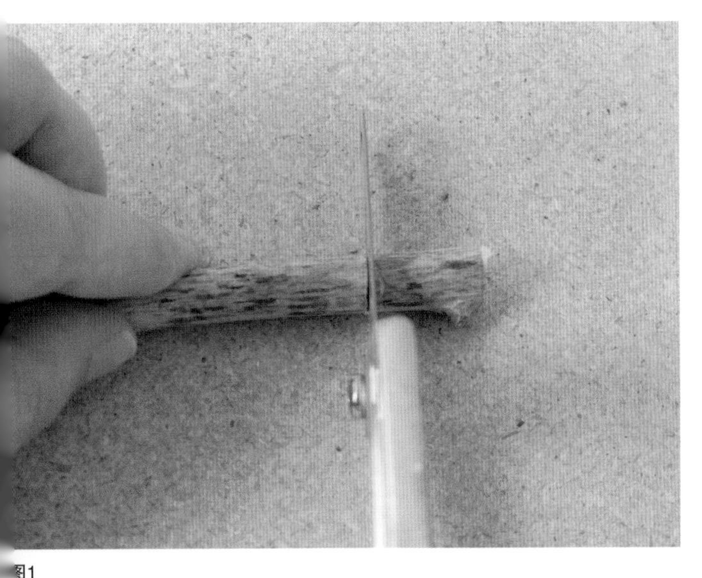

图1

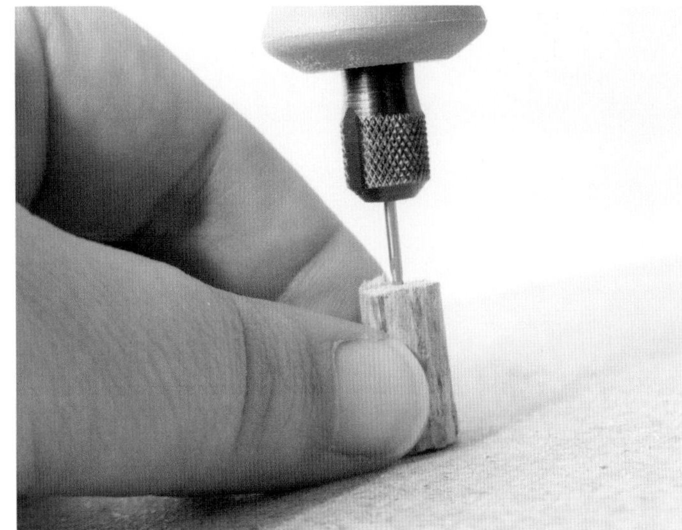

图2

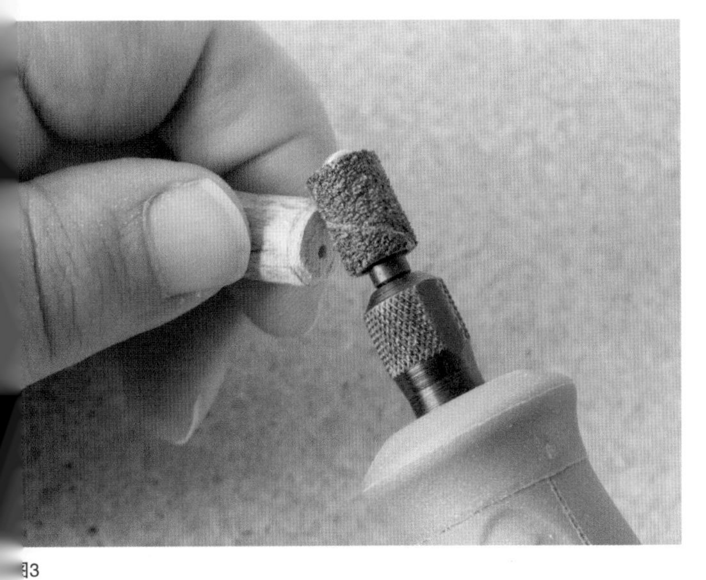

图3

图4

.切换到旋转工具上的砂光筒。打磨每个珠子的末端，当你在打磨浮木边缘、顶部和底部时，必需牢牢地握住它（图3）。

4.把珠子穿在钢丝上，涂上一层聚氨酯木器封闭漆，一定要涂抹均匀，最后把钢丝放在珠架上晾干（图4）。

LAB 37 木头珠宝

工具和材料

- → 巴沙木，6毫米和1.3厘米厚
- → 工艺刀
- → 小型手持钻（也叫针钳）
- → 400目砂纸
- → 牙签
- → 画笔
- → 丙烯颜料
- → 泡沫块
- → 亚光密封胶（我用的是摩宝胶）

巴沙木重量轻，可以很容易地切割和成型，适合初学者的木雕实验。这节实验课的珠子是通过从一小块巴沙木上切下薄片来塑形的。

1. 对于大珠子，我选择使用1.3厘米厚的巴沙木。用工艺刀切下一根3.8厘米长的头。对于小珠子，使用6毫米厚的巴沙木，切成2.5厘米长。

2. 将木板垂直放置在工作台上。用工艺刀切出不规则的小平面，用刀时要注意安全从珠子的中心向两端切割，变换工艺刀的角度来塑造独一无二的切面效果。

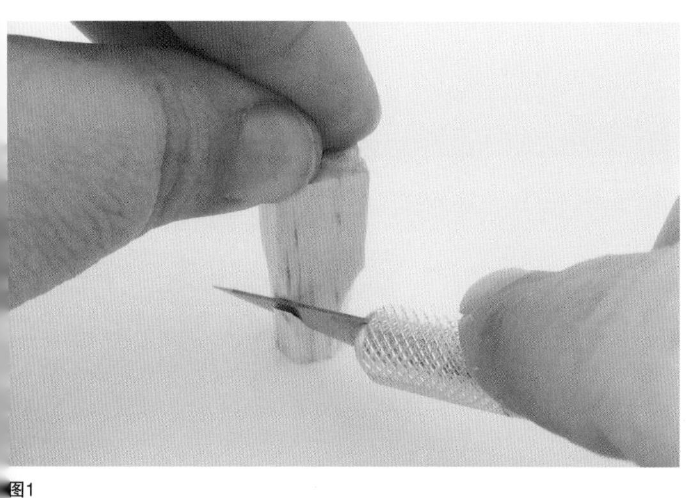

图1

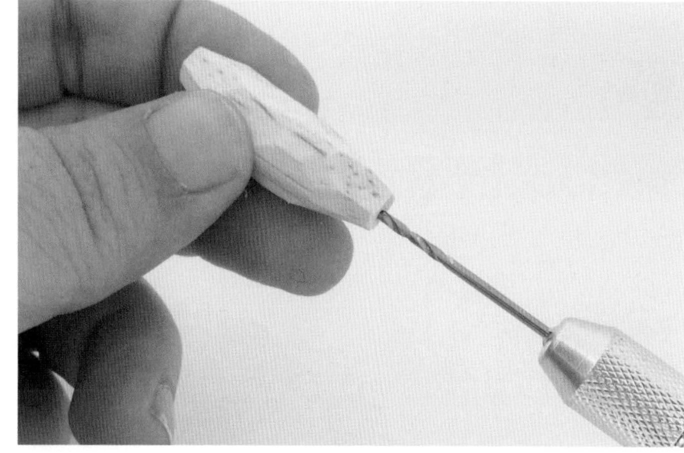

图2

图3

图4

3.在珠子的各边重复切割的步骤。

4.将珠子的两端削尖，在顶部和底部切割出更小的切面（图1）。

5.用手持钻在珠子上垂直钻一个孔。如果钻珠比钻头长，可以先钻一边，再钻另一边，直到两面打通。用钢丝穿过珠子，确保完全穿过孔道（图2）。

6.用砂纸打磨珠子。

7.把珠子穿在牙签上，并在其表面均匀地涂上一层颜料（图3）。

8.取下珠子并用砂纸打磨珠子的边缘，露出木材（图4）。

9.最后把珠子放回牙签上，在整个珠子上刷一层均匀的亚光密封胶 。等它干了再涂第二层。

LAB 38 浮标珠

工具和材料

- 巴沙木，6毫米和1.3厘米厚
- 工艺刀
- 400目砂纸
- 针钳
- 18号镀锌钢丝，长10.2厘米
- 和纸胶带
- 牙签
- 画笔
- 几种颜色的丙烯颜料
- 泡沫海绵
- 亚光密封胶（我用的是摩宝胶）

浮标珠的灵感来自色彩鲜艳的木制龙虾浮标，可以用蓝色和白色的珠子或其他航海元素进行搭配。

1.用工艺刀，切下2.5厘米长的巴沙木。

2.握住巴沙木的一端，用工艺刀将木珠的底部斜切成锥形，像削铅笔一样（图1）。

3.把1.6厘米的木块切成1.3厘米长的方形珠子。

4.用砂纸打磨珠子的每一面，慢慢地磨圆（图2）。

5.用针钳在珠子上垂直钻一个孔。如果珠子比钻针长，可以先钻一边，再钻另一边在中间打通。用一根钢丝试着穿过珠子，确保已经钻透（图3）。

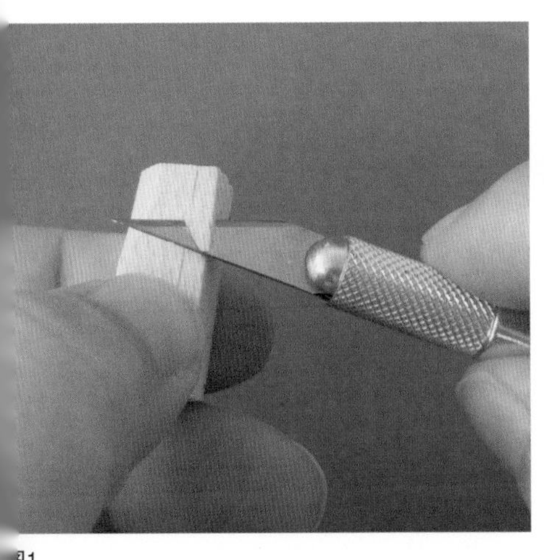

图1

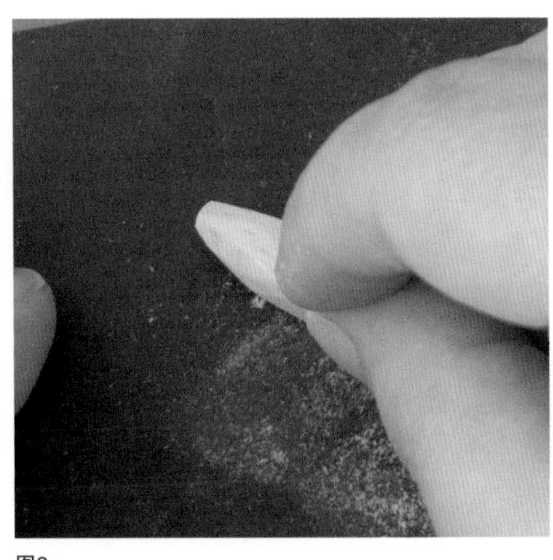

图2

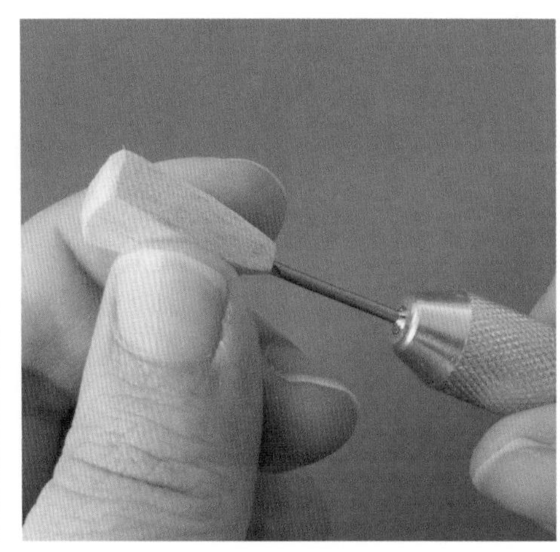

图3

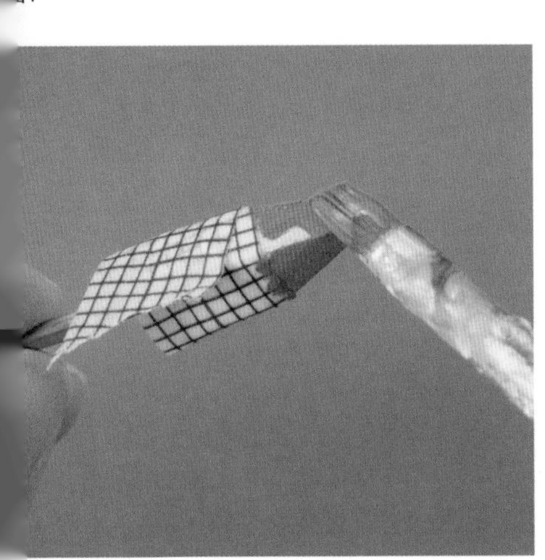

图4

图5

6.用和纸胶带把珠子的一端包起来。把珠子串在牙签上，在珠子露出的一端刷上一层薄薄的颜料。把牙签插入海绵泡沫块中，晾干颜料，接着拆下胶带（图4）。

7.用胶带包裹涂过颜料的部分，重复步骤6，拆下胶带并等待它完全干透。

8.用砂纸打磨珠子的边缘，露出木头（图5）。

9.把珠子放在牙签的末端，并刷上一层均匀的亚光密封胶。把牙签戳进泡沫块里，让珠子完全干透时，固定住泡沫块。最后再刷一遍颜料。

LAB 39 橡子珠

工具和材料

- 橡子盖
- 废木块
- 带2毫米钻头的电钻
- 画笔
- 聚氨酯密封胶（我用的是透明聚丙烯蜡）
- 黏土
- 18号镀锌钢丝，长10.2厘米
- 白色压花粉
- 珠子烘烤架
- 烘烤盘
- 酒精油墨（我用的是Ranger品牌的阿迪朗达克酒精油墨，生菜色）
- 塑料盖
- 微晶蜡（我用的是文艺复兴蜡）
- 软布

我喜欢在林中散步时寻找橡子，并将橡子主题融入我的制珠实验中。不幸的是，橡子的坚果会有虫子，所以不适合制作成饰品。保留橡子顶部盖子的部分，用陶泥取代橡子的"身体"。可以发挥想象力来对橡子进行上色。

1. 把橡子盖平放在桌上，盖柄朝上。一只手紧紧握住橡子盖，另一只手紧紧握住钻头。如果橡子有柄，稍微向柄的一侧钻孔。如果柄不见了，就在中心钻孔（图1）。

2. 涂上一层聚氨酯密封胶，等它们完全干燥。

3. 把一小块软黏土搓成一个直径和橡子盖差不多的球。把软黏土牢牢地压在橡子盖上。用指尖轻按成金字塔形（图2）。

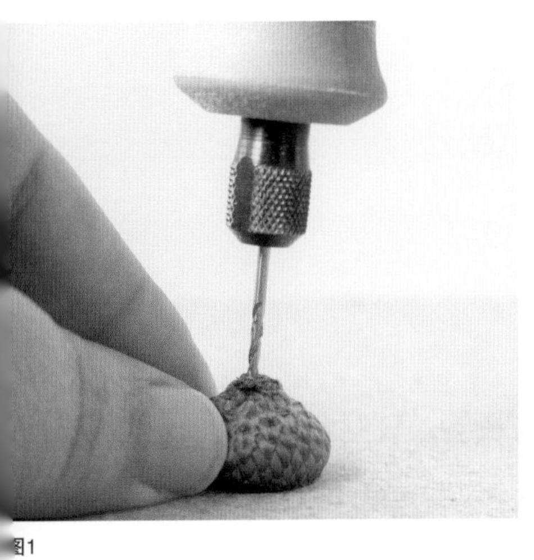
图1

图2

图3

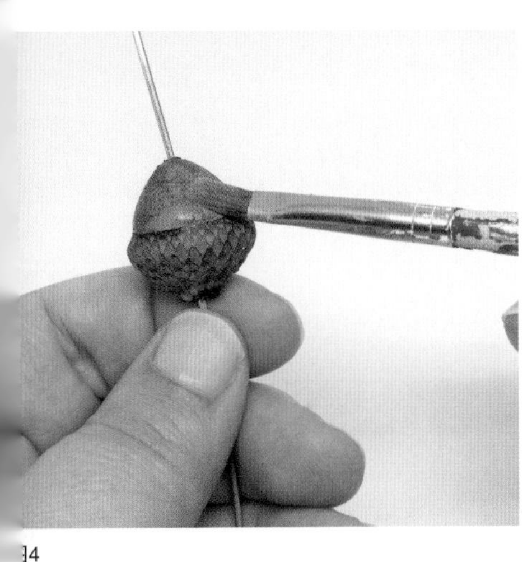
图4

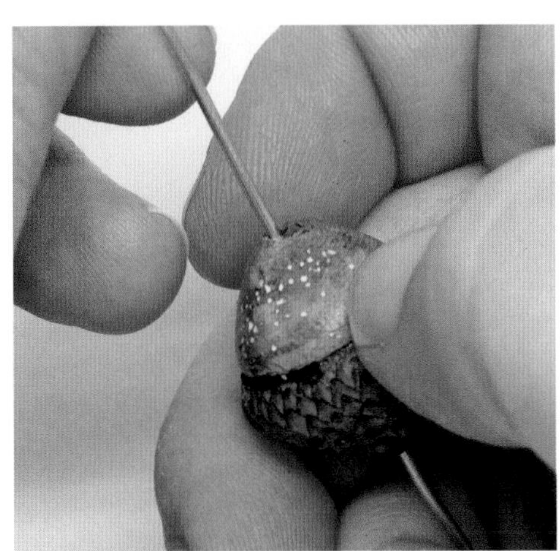
图5

4.用钢丝穿过橡子盖上的孔，一直穿过陶泥。修整橡子外型，使其看起来像橡子。把珠子留在钢丝上，每根钢丝上可以挂两三个珠子。

5.在黏土表面少量撒上压花粉。在粉末落下的地方，涂上颜料之后，珠子上就会出现一个个小白点（图3）。

6.把橡子珠放在烤盘上进行烘烤并等待珠子冷却。

7.在橡子“坚果”的表面涂上你喜欢的颜色（图4）。

8.用指甲刮掉压花粉，露出颜料下面的白色斑点（图5）。

9.在珠子的黏土部分擦上一层薄薄的文艺复兴蜡，最后用软布擦亮。

本期制珠商嘉宾

卡罗尔·德克·福斯

卡罗尔是一名混合材质珠宝设计师，其作品材料运用范围非常广泛，包括独特的石头
坠、蚀刻金属珠、金属制首饰和陶瓷珠子。尽管她质朴的作品用了许多材料，但这些作品有
属于卡罗尔独特的风格。

问：我最先知道你是被你的喷砂石吊坠吸引。你能解释一下，你是如何创造这些饰
以及你是如何开始这段旅程的吗?

答：我所做的，基本上就是在一个吊坠上放一个模板，然后用一种研磨材料在高
下喷砂。然后用丙烯颜料进行上色。我的旅程开始于在河流岩石上喷砂。我喜欢
个想法，把自然界中如此简单的东西变成一件艺术品。我曾被邀请参加一个珠宝
对，在那里我看到了一条用石头吊坠为主创作的项链。我想，如果我能在石制的
坠上喷砂设计出首饰呢？我做了更多尝试，然后开始了一条属于我自己独特风格
奇妙之路。

问： 作为一名珠宝艺术家，你的创作灵感来源于哪里呢?

答： 我是一个视觉型的人，灵感来自自然世界和不同文化的野性和美丽。我和不同的材质“合作”，以此来寻找自己感兴趣的东西。现在，我爱上了陶艺，并且正在寻找新的搭配方法，用这种材质来进一步表达我的艺术之声。

问： 作为一名混合材质珠宝设计师，你如何挑选各种各样的材质呢?

答： 我选择的材质一定是我当时最感兴趣的。我会使用各种材质和工艺来进行创作。

问： 你如何在不同的材质中保持自己独特风格的呢?

答： 要在作品中形成自身独有的特色，需要多年的积累和磨炼。这是一个需要耐心、奉献和努力的过程。在过去的几年里，我的风格逐渐形成，但我一直努力在我的作品中保留我对大自然的热爱。作为一名珠宝设计师，这次旅程是我发现真实自我的途径。一路走来，我能够分享我的故事，这对我来说是最好的礼物。

单元
05

纤维和纺织品

纤维的基础知识

制毡是将羊毛纤维互锁。经过梳理和染色的羊毛纤维被称为粗纱。粗纱可以用温水、肥皂和摩擦力进行湿毡，也可以用带刺针进行针毡。织针时，要慢而稳。湿毡时，在毡制过程开始时尽量少用水，太多的水会妨碍毛毡形成光滑的表面。

在任何一个实验中，类似织物、缎带、麻绳等不同材质，都会带给你不同的感观体验。你可以将织物与更耐用的材料结合，并用亚光密封剂保护织物表面。

首饰用的皮革可以选择废旧的皮包或边角料，也可以在工艺品商店里买到不同颜色的小块皮革。密封油漆皮革可以用透明鞋油搭配制作。

LAB 40 迷你毛毡椭圆珠

工具和材料

→ 粗纺毛（我推荐美利奴羊毛）

→ 泡沫海绵

→ 毡针

→ 热水

→ 温和洗碗皂（不含香味和染料）

→ 毛巾

微小的毛毡碎片被制成珠子，为你的珠宝设计增添质感和色彩。这些珠子首先用针互锁，然后在热肥皂水里来回滚动，目的是更好地塑形。

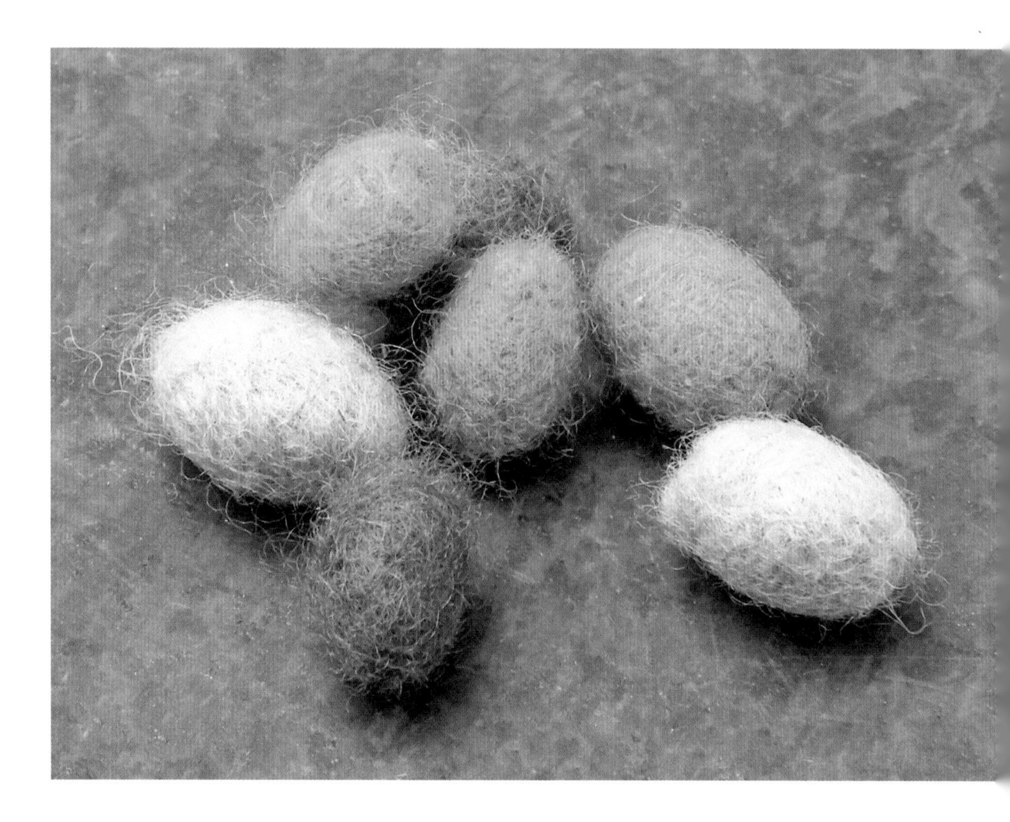

1.扯下一块50毫米×6毫米长的羊毛粗纱。在你的手指上轻轻搓成一个小球（图1）。

2.把小球放在泡沫海绵上。将毡针的尖端刺入球的中心，使纤维打结。拔出针，翻转球，重复几次。继续转动球，每1/4圈插入毡针，始终朝着球的中心戳，形成一个小小的圆形（图2）。

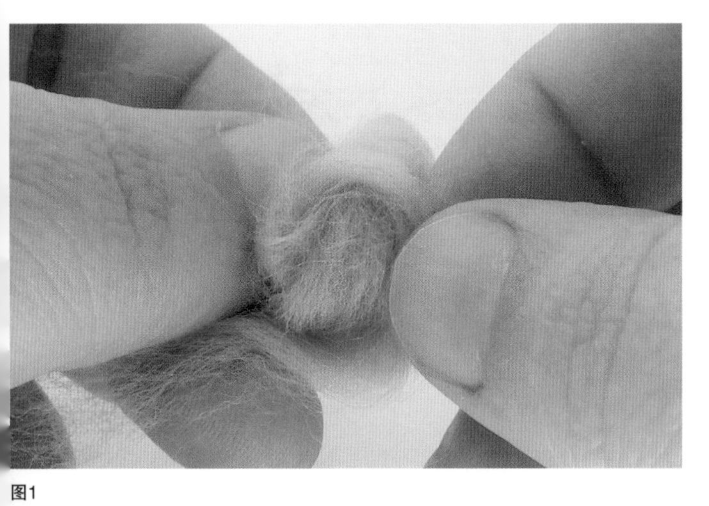
图1

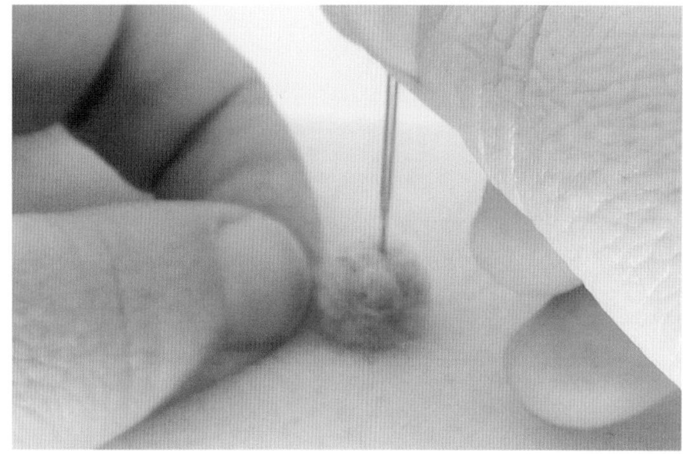
图2

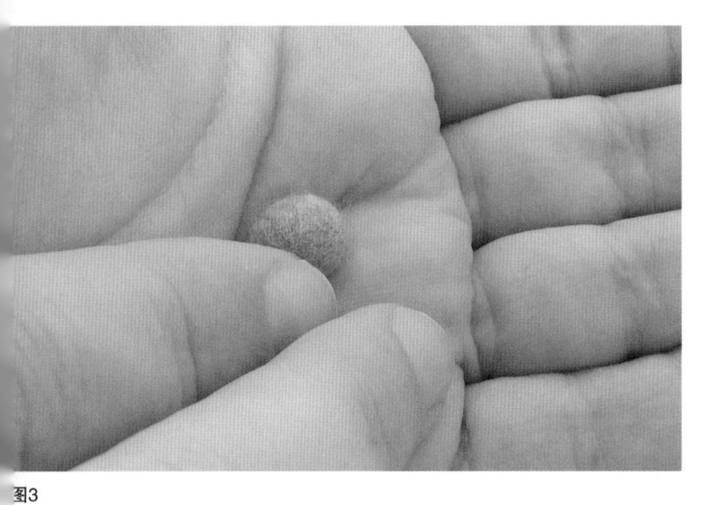
图3

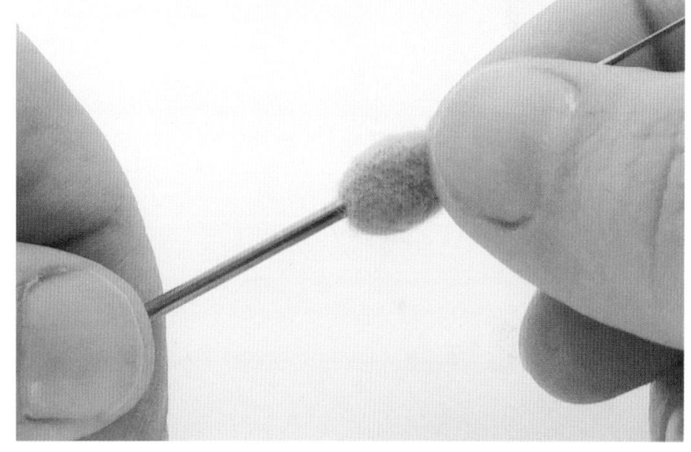
图4

3.把珠子浸入热水中，几秒后拿起，接着在手掌上放一滴肥皂液，把珠子放在手心来回搓动，当你滚动时紧紧地按压。继续滚动，直到珠子变硬变光滑。把珠子前后滚成椭圆形（图3）。

4.用毛巾擦拭掉珠子上多余的水分并晾干。

5.将毡针插入珠子的中心，来回两头重复穿孔，直到打出一个洞来（图4）。

LAB 41

拆股毛毡圆珠

工具和材料

- → 4种颜色的四股羊毛纱
- → 剪刀
- → 托盘或盘子
- → 热水
- → 温和洗碗皂（不含香料和染料）
- → 醋
- → 毛巾
- → 织补针

小提示

你需要100%纯羊毛的纱线，这个实验不适用于其他纤维。

羊毛纱线用三个简单的方法就能织出漂亮的毛毡：热水、肥皂和摩擦力。在你的珠宝中加入羊毛珠子是一个既增加质感又不增加重量的好方法。根据自己的喜好来搭配颜色。如果你是一个编织者，这是一个变废为宝的伟大项目。

1.剪下32根5厘米长的纱线。你可以用一种颜色，也可以用多种颜色组合起来。

2.将每根纱线拆开成单股线，并缠绕在一起形成一个大的蓬松毛球。每个珠子至少得有128根蓬松的纱线（图1）。

图1

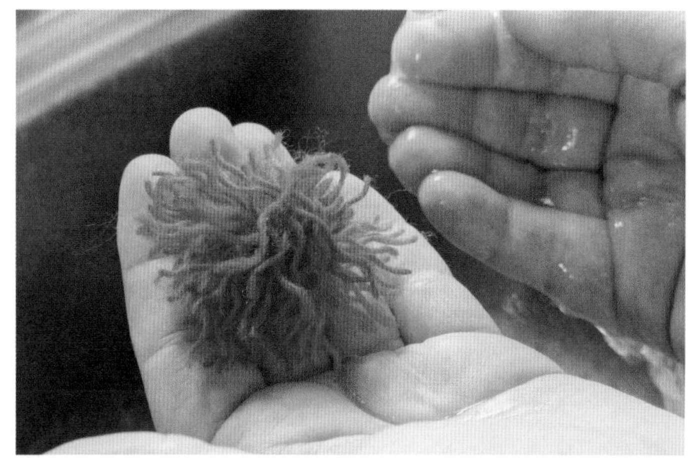

图2

图3

3.用托盘打一些热水，弄湿手掌并滴上一两滴洗洁精。把纱线团捏成一团，用手轻轻卷起来。双手并拢，不要给纱线太大压力。继续搓球，直到有点潮湿。搓的时候把球握得再紧一点（图2）。

4.加几滴水，在毛毡球开始收缩时继续搓动。当你再次搓动这个球时，握紧你的手，直到它形成一个坚实的团块。继续搓动，直到球已经被捏紧（图3）。

5.向1杯（235毫升）水中加入1汤匙（15毫升）醋并混合。将珠子浸入混合液中，用温水冲洗。

6.用毛巾把毛毡球多余的水分挤出来。如果需要的话，可以卷起来重塑。

7.等毛毡球晾干。用织补针在珠子上戳一个洞，用于制作首饰。

LAB 42 橡树叶吊坠

工具和材料

- → 饼干模具
- → 高密度发泡块
- → 羊毛粗纱
- → 毡针
- → 棕色绣花线
- → 金属绣花线
- → 绣花针
- → 串珠线
- → 10号串珠针
- → 15～20号金属珠

这个吊坠使用了橡树叶饼干模具。针毡给点缀了金属刺绣线和珠子增添了一点儿珠光宝气。

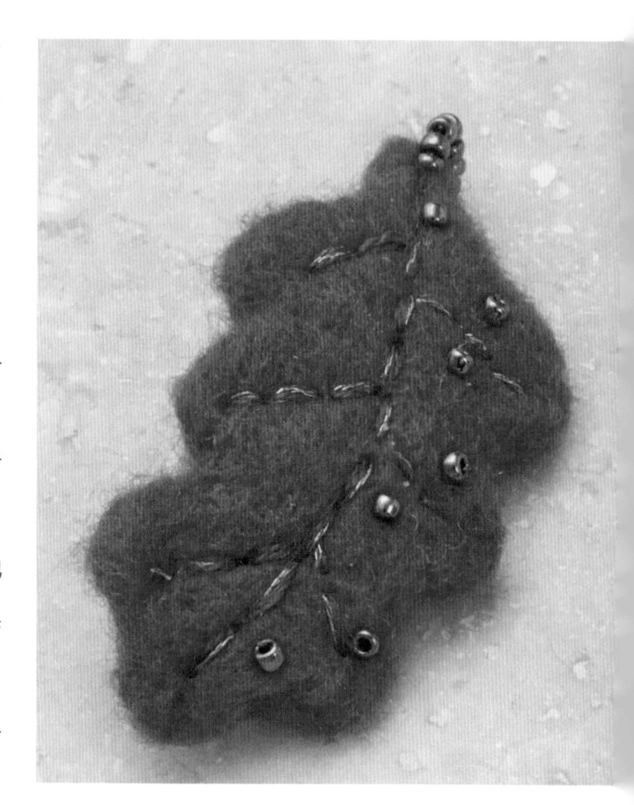

1. 把饼干模具放在泡沫块上面，然后撕下几小块粗纱。把它们重叠放进饼干模具里并填满饼干模具（图1）。

2. 从中间开始，用毡针均匀地扎向粗纱表面。把饼干模具翻过来，重复操作（图2）。

3. 移开饼干模具，小心地用针刺毛毡叶子的边缘。

4. 剪几根61厘米长的棕色和金属绣花线。分开一股金属刺绣线和两股棕色线。把这三股线穿成一根绣花针，并在末端打一个结。

5. 用背缝法在毛毡叶子中间绣花。从背面的叶子底部开始。穿针通过顶部，往上缝合6毫米长。再往下缝合6毫米长，缝合到顶部。在第一针结束时，将针向下穿过孔，进行反针。重复反针直到叶子的末端（图3）。

6. 在毛毡叶子上绣出叶脉。针头仍然在下面，把针头穿过毛毡，然后到达顶部。这样可以尽量减少叶子下面可见的缝线。重复这个步骤，在叶子两边缝成两三排叶脉。

小提示

串珠针和缝纫针不一样。串珠针的头非常细，可以让它穿过细小的珠子。串珠线是为串珠而特制的，比普通的线效果好得多。你可以在工艺品商店的珠饰区找到特制的针线。

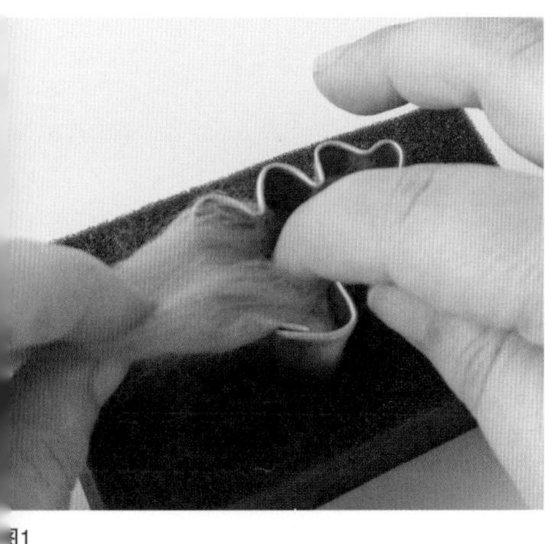

图1

图2

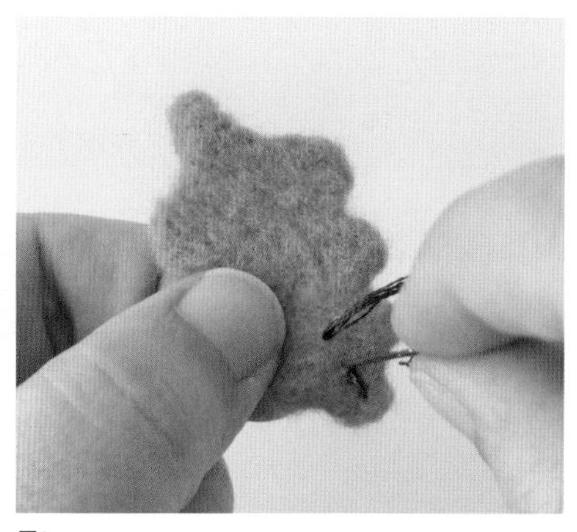

图3

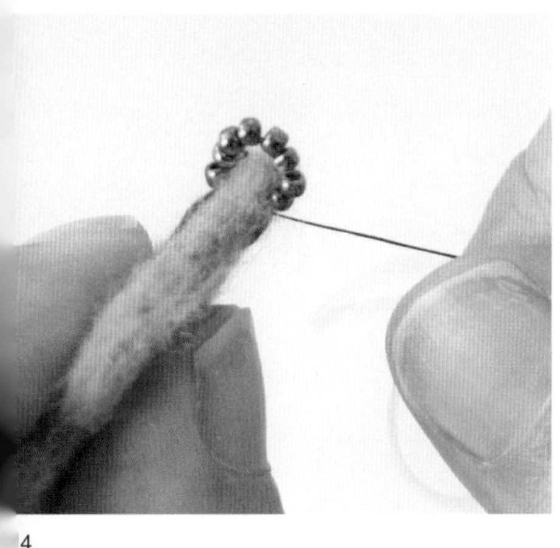

图4

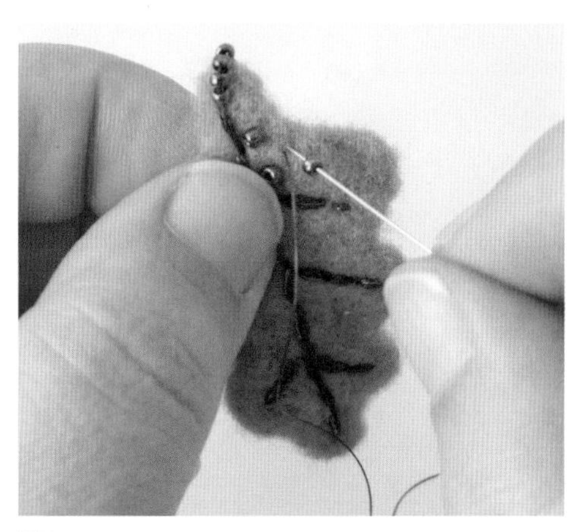

图5

7.在毛毡叶子下面把线头打个结。把针穿过毛毡的背层，离开绳结1.3厘米。把线拉紧，然后剪断。线头会消失在毡状的叶子里。

8.缝制一个环形。剪下一段61厘米长的串珠线。把它穿进一根串珠针，在末端打一个双结。在叶茎顶部刺绣结束的地方缝合起来，加8颗珠子，然后把针拉到叶子的背面。穿过叶子缝到前面的珠子开始形成一个圈。再把线和针穿过珠子，把叶子缝进去。重复两次，固定住这些环形珠（图4）。

9.将针穿过叶片向上拉到中央叶脉的一侧，加入一颗珠子，再将针穿过叶片缝回珠子旁边。然后移动到新的区域，把线穿过叶子，把针提起来。根据喜好在叶子上缝一个随机的珠子图案。完成后，打一个双结。把针穿过叶子背面的毛毡。最后把线拉紧并剪断（图5）。

LAB 43 民俗艺术珠子

工具和材料

- 羊毛毡片
- 剪刀
- 金属丝
- 绣花针
- 2种颜色的绣花线

小提示

由于羊毛毡的质地是天然且不均匀的，你可能需要修剪2.5厘米的边缘，然后再剪出珠子。

这些小小的毡制珠子被简单的刺绣装饰成一种民间艺术的饰品。改变毛毡和线的颜色，创造出无穷无尽的变化来。我选了羊毛毡做这些珠子，羊毛毡比腈纶毡厚。如果使用亚克
毛毡，则需要将一块毛毡包上几次，才能制作出和羊毛毡厚度差不多的珠子来。

1. 剪一块1.3厘米×2厘米的毛毡。

2. 剪一段61厘米长的金属丝，穿针，并在末端打个结。

3. 在一个分支上使用花茎针法绣花。从小矩形毛毡的下方左边中间开始。把针穿过
毡往上拉，缝一针。再次把针拉上来，靠近第一针的中心。再缝一针同样长度
针。重复茎部缝合，创建一个分支图案。在毛毡的底面打个结，然后把线头修剪
齐（图1）。

图1

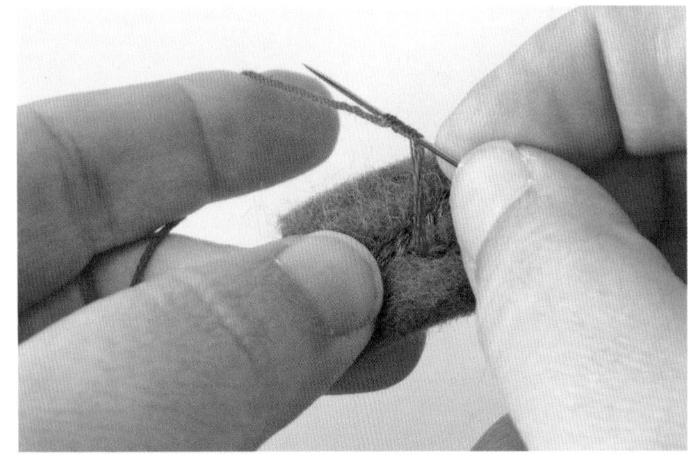

图2

图3

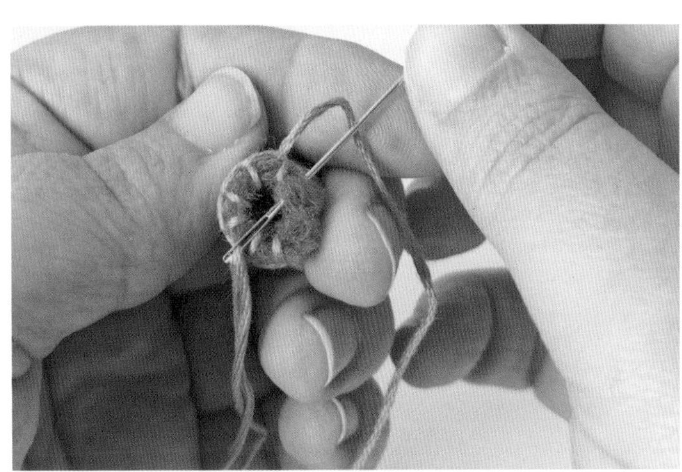

图4

4.做法式结花，先剪一段61厘米长的绣花线。穿针，并在末端打个结。在你想要绣出第一朵花的地方，把针穿过毛毡。把线拉紧。在线的底部，也就是针从毛毡里出来的地方，用针缠绕两次，然后再把针从毛毡里推回去。紧紧抓住线，直到所有的线都穿了过去，形成一个小结（图2）。

5.沿着树枝图案缝制法式结花。

6.剪一根其他颜色61厘米长的绣花线。穿好针，打个结。把毛毡片弯成管子状。缝针的时候要保持这个形状（图3）。在接缝的顶部，从珠子内侧开始穿线。把针穿过毛毡。把两部分缝合在一起，先把最上面的线穿过针脚，然后把它穿过毛毡。沿着接缝重复缝针，以固定珠子。

7.把管子的边缝起来。把针穿过珠子，然后在管子的另一端进行毯式缝合。在珠子里面打个结，最后把线头修剪整齐（图4）。

LAB 44 彩线缤纷花珠

工具和材料

- → 羊毛毡
- → 剪刀
- → 杂色绣花线
- → 绣花针
- → 珍珠棉线
- → 金属绣花线
- → 串珠线
- → 串珠针（见第112页小提示）
- → 15~20号玻璃珠

这种纤维灌注花珠有许多设计选择。两层毛毡为它提供了一个坚固的基础，用来装饰刺绣花线和玻璃种子珠。你可以在珠宝设计中使用金属丝、头针穿过两块毛毡。

1.剪下两块2.5厘米的圆形毛毡。

2.剪一条91.4厘米长的绣花线。将线穿过绣花针，在末端处打结。把针和线穿过第一块毛毡刚好偏离中心的位置。把第二块毛毡放在第一块毛毡下面，把线的结头夹在中间（图1）。

图1

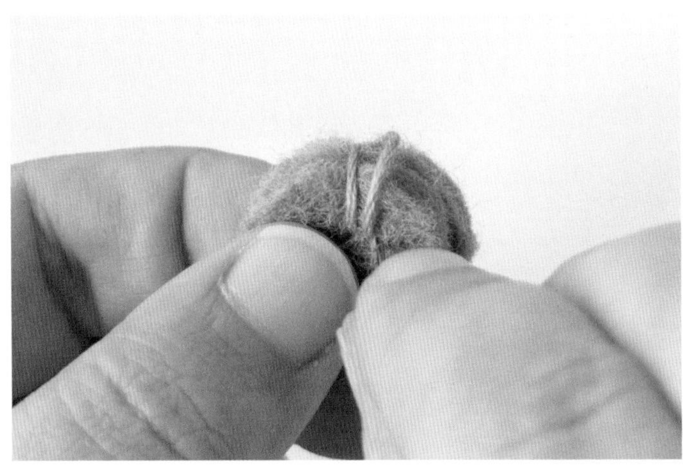
图2

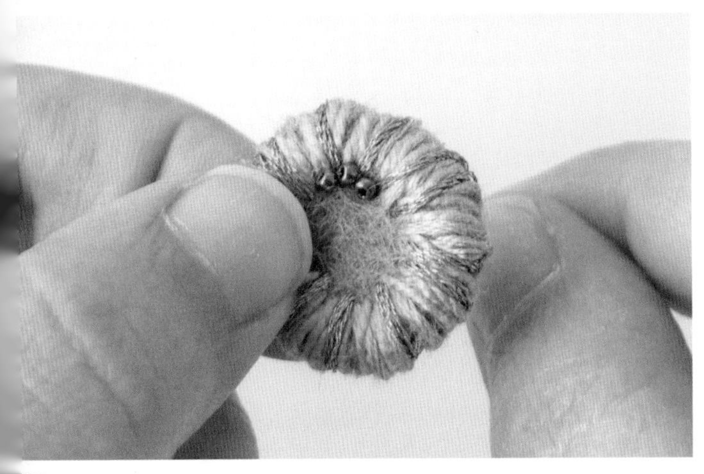
图3

3.把线绕在毛毡的边缘，绕到珠子的背面，然后穿过中心。把线拉紧，但不要太紧。重复一边，沿着圆圈移动，使缝线看起来像车轮的辐条。在中间留下一个6毫米的圆圈备用。将种子珠背面的线打结，再将线穿过珠子底部，将线拉紧后把线剪断（图2）。

4. 用珍珠棉线重复步骤2和步骤3。

5. 再用金属绣花线重复步骤2和步骤3。

6.剪一段91.4厘米长的串珠线，并把它穿进串珠针。将针从中心的毛毡圈中向上拉出，加入一粒种子珠。继续在毛毡圈的中心缝种子珠。最后在毛毡的底部系上线，把线从侧面穿过两层毛毡。剪线之前需要先把线拉紧，丝线会隐藏在这两层之间（图3）。

LAB 45

轧制织物长珠

工具和材料

- → 11.4厘米长的蜡染布料
- → 剪刀
- → 中空塑料咖啡搅拌棒
- → 快干胶
- → 18号镀锌钢丝
- → 画笔
- → 亚光密封胶（我用的是摩宝胶）
- → 珠子架

小提示

密封胶会使织物变硬。对于更柔软的织物珠子，在滚动珠子周围时要经常反复黏合，以固定织物。

轧制织物可以做成五彩斑斓且纹理丰富的珠子。这些珠子的强度来自藏在核心的一根塑料咖啡搅拌棒。咖啡搅拌棒有一个完美尺寸的孔。这些珠子我用的是蜡染面料，因为面料两面的颜色有很强的对比度。但你也可以试试其他类型的布料，比如杜皮奥尼丝绸，效果很好。

1.打开你工作台上的那块布料，找出织物的织边。用剪刀从边缘平行剪出2.5厘米。抓住裁剪的两边，沿着布料的长度一直撕扯。你会得到一条长长的撕裂的布料条带，可以做四五个珠子（图1）。

2.将咖啡搅拌棒切成3厘米的长度。

图1

图2

图3

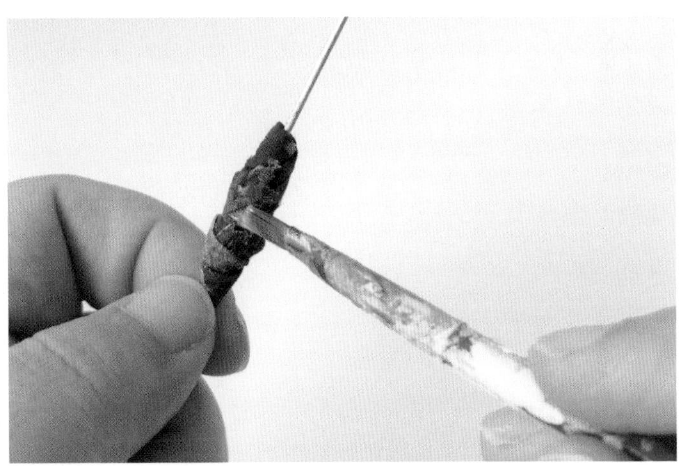

图4

3.把布料缎带拉长。在缎带的短端挤出一行胶水。将一根咖啡搅拌棒放在黏着的一端。从搅拌棒的一端开始，向另一端卷动，将织物紧紧包裹起来（图2）。

4.在搅拌棒接触的地方扭曲布料，继续在整个搅拌棒周围缠绕一层布料，在缠绕的过程中多次扭曲布料。这是第一层（图3）。

5.当你卷于搅拌棒的末端时，制作第二层，再次扭转织物，将它绕回珠子的中心。在中间包上两圈，使中间的珠子变厚。继续缠绕和扭转织物到搅拌棒的另一边。当你到达末端的时候，剪断缎带，用胶水把末端粘牢。

6.把珠子串上钢丝并刷一层密封胶后等待晾干（图4）。

LAB 46 绳子球珠

工具和材料

- → 2毫米粗的麻绳
- → 卷尺
- → 剪刀
- → 快干胶
- → 未上漆的木珠
- → 牙签
- → 画笔
- → 亚光密封胶（我用的是摩宝胶）
- → 泡棉砖

这种以航海为灵感的珠子很容易做出来。你还可以使用不同大小的木珠以增添不同的感觉。

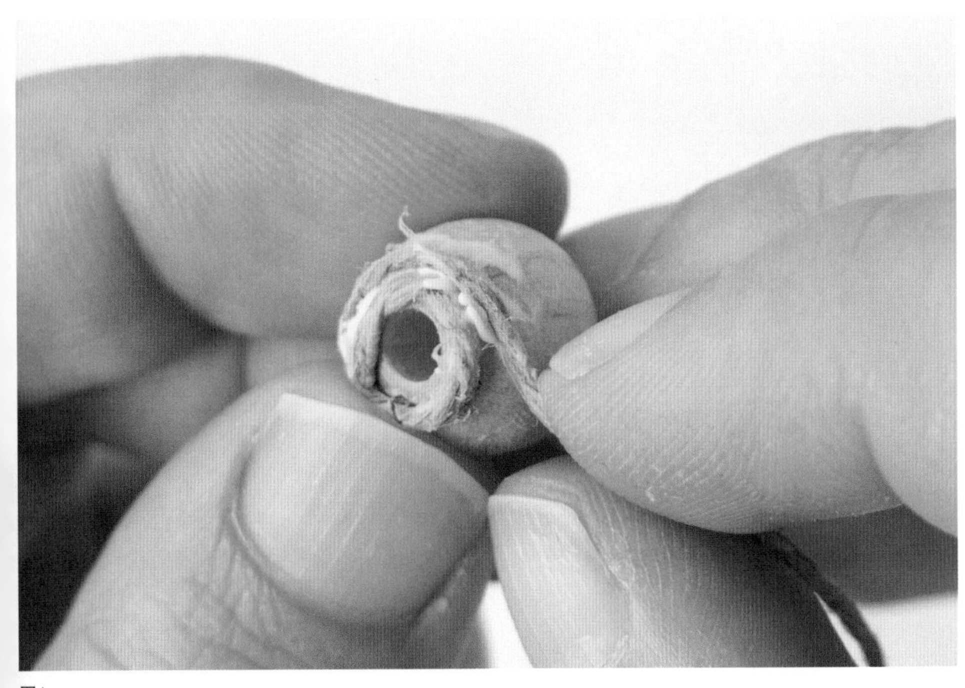

图1

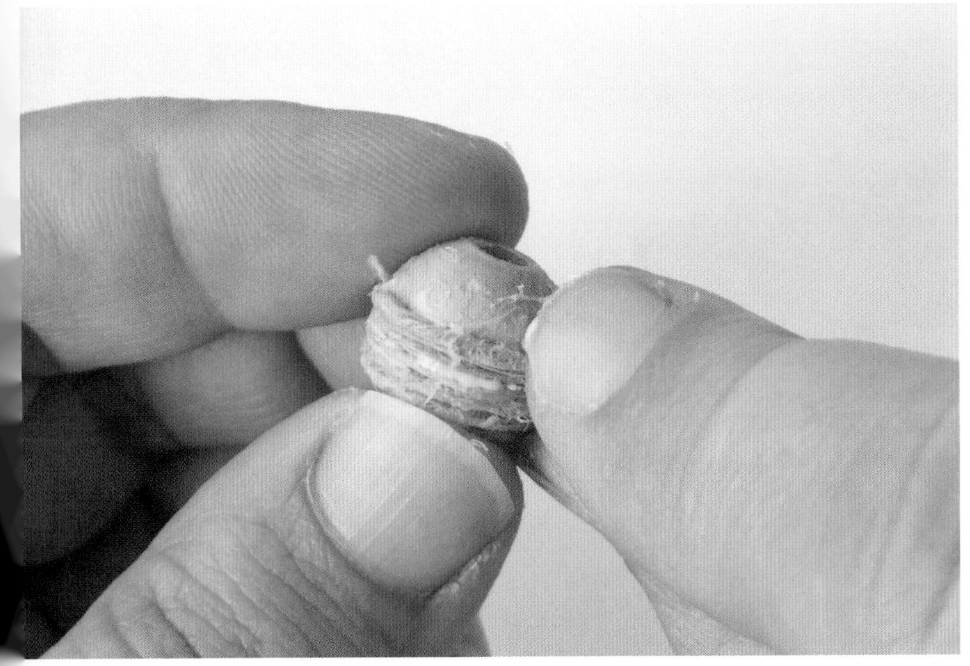

图2

1.剪一根30.5厘米长的绳子。

2.在木珠顶部的开孔处周围涂上几滴胶水。先把绳子紧紧地绕在洞上，再把它压进胶水里（图1）。

3.在珠子中间再涂上一层胶水。继续将绳子紧紧地缠绕在珠子上。重复此步骤，直到珠子完全被盖住。修剪绳子，并等待胶水变干（图2）。

4.最后把珠子放在牙签上，刷上一层亚光密封胶。

LAB 47 花簇手镯

工具和材料

- → 永久性记号笔
- → 5厘米×5厘米、3毫米厚的皮革
- → 锋利的剪刀
- → 2毫米小孔穿孔器
- → 细粒度砂磨块
- → 画笔
- → 丙烯颜料（我用的是铜和浅紫色）
- → 厚纸板
- → 塑形工具的勺面
- → 金色油漆笔（我用的是“三福”记号笔）
- → 透明鞋油
- → 软布

使用皮革勺子和塑形工具，可以让你在皮革上留下醒目的设计。该塑形工具是双头的，锋利的一端看起来像一把钝刀，用来刻线。工具的勺面在皮革上能留下更宽的印记。让部分皮革通过这个手镯的油漆时显示出它的自然外观。手镯搭配捷克玻璃和仿古黄铜，非常好看。

1.用记号笔在皮革上画一个5厘米×3.2厘米的椭圆形，并剪刀剪出形状。在椭圆形的背面，用记号笔标出你想要打洞的地方。在椭圆的两端打一个洞（图1）。

2.用砂磨块打磨椭圆形的边缘，从正面打磨到背面（图2）。

3.在椭圆的背面和侧面涂上铜色颜料，等待它晾干。

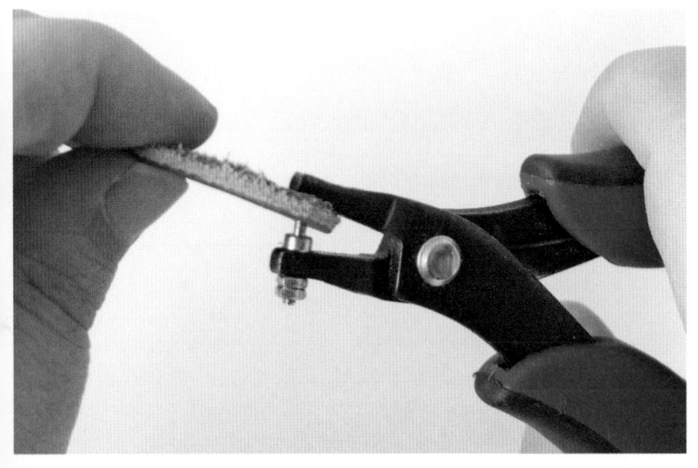
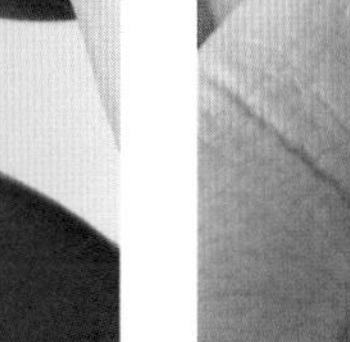

图1

图2

图3

图4

4.把皮革片放在硬纸板上，使它牢牢地固定住。用塑形工具的勺面（弯曲在皮革上创造花瓣形状）从中心开始，将工具深深地压入皮革的放射幅条中（图3）。

5.用干画笔蘸上紫色丙烯颜料，画出花瓣的轮廓，等待颜料干燥。

6.用金笔在花朵中间涂上一些小圆点。在每片花瓣上画一条金色细线（图4）。

7.当墨水完全干透后，用手指将皮革微微弯曲。用砂磨块轻轻地打磨油漆的表面，使其轻微受损。

8.在这幅画上涂上一层透明的鞋油，保护颜料。

LAB 48 皮革银杏叶吊坠

工具和材料

- → 3毫米厚的皮革碎片
- → 记号笔
- → 锋利的剪刀
- → 2毫米小孔穿孔器
- → 细粒度砂磨块
- → 厚纸板
- → 塑形工具（参见Lab47：花簇手镯）
- → 画笔
- → 丙烯颜料（深绿色、2种浅色调的绿色、棕色）
- → 水
- → 纸巾
- → 透明鞋油
- → 软布

人造皮革也可以提供给那些喜欢它的人。

1.在皮革上画一个银杏叶的形状，用剪刀剪下来（图1）。

2.用打孔机在叶子的顶部打一个孔，并画出叶脉的线条。

3.用砂磨块从前到后打磨皮革的切边。

4.把皮革叶子放在硬纸板上，牢牢地固定住。用塑形工具的尖端用力压紧，描出叶脉（图2）。

5.使用塑形工具的勺面压印皮革的每一边的叶脉。使勺面的末端沿着叶脉排列，从叶子顶部开始。用工具用力按住，沿着叶脉拖动，在叶脉旁边留下印记。沿着整片叶子重复这个步骤。（图3）。

图1

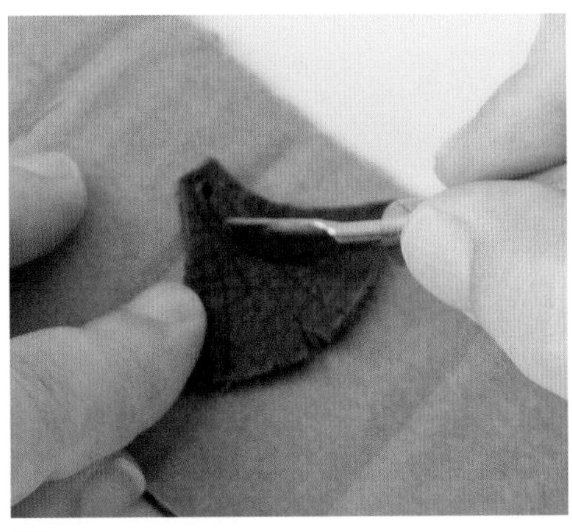

图2

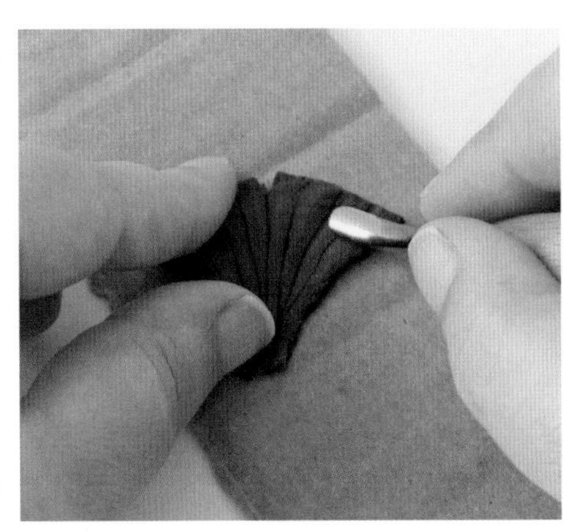

图3

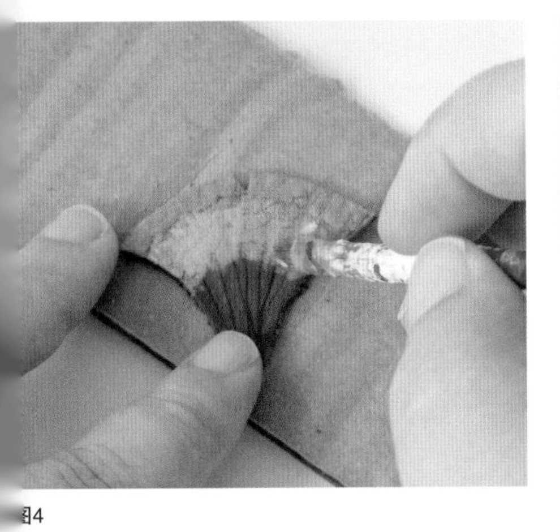

图4

6.用干燥的画笔，把叶子较宽的部分涂成深绿色。当你处理叶子的狭窄部分时，最好选择两种较亮的颜色。沿着图案上的叶脉，使用短促而起伏的笔触。等颜料干透后，在叶子的背面和侧面涂上相同的渐变色（图4）。

7.在叶子的整个正面刷上一层浅棕色的颜料。用纸巾擦掉多余的颜料。让颜料完全干透。

8.在叶子上涂上透明鞋油，以保护颜料。

明星设计师：
◈ 丽贝卡·佩恩 ◈

树翼工作室的丽贝卡·佩恩用多种材料制作珠子，包括陶泥和皮革。她的皮革翼坠设计特色是用木材燃烧工具和丙烯颜料绘制的。通过对珠子制作的探索，丽贝卡发现了一种视觉语言，她通过颜色和标记将陶泥转化为皮革。探索皮革上的重复标记，用几何图案和部落图案创造出属于自己的独特设计。

LAB 49

打结的皮革珠

工具和材料

→ 45.7厘米长的皮绳

→ 1.2厘米粗的木头珠子

→ 胶布

→ 剪刀

这个珠子使用一种常见的打结技术，叫作猴拳结。它看起来复杂，但实际上是一个简单的皮革绳分层。每次你包裹皮革的时候，把每一根绳子都排成一行，这样它们就会彼此平躺在一起。

1.用皮革在食指上缠绕四次，这样两个“包裹”就可以紧靠着了。然后轻轻地把手指上的皮革扯下来（图1）。

2.用绳子的末端缠绕前四圈绳子的中心。再重复两次，把“包裹”叠在一起（图2）。

3.轻轻拉开皮革“包裹”的一边，滑进木珠里。定位珠子，使孔与皮革的末端对齐（当珠子完成时更容易找到）（图3）。

4.将绳子缠绕在珠子的前面，绳子的末端插入皮革的顶层和木珠周围。把绳子从底部插回去。继续用绳子缠绕木珠三次（图4）。

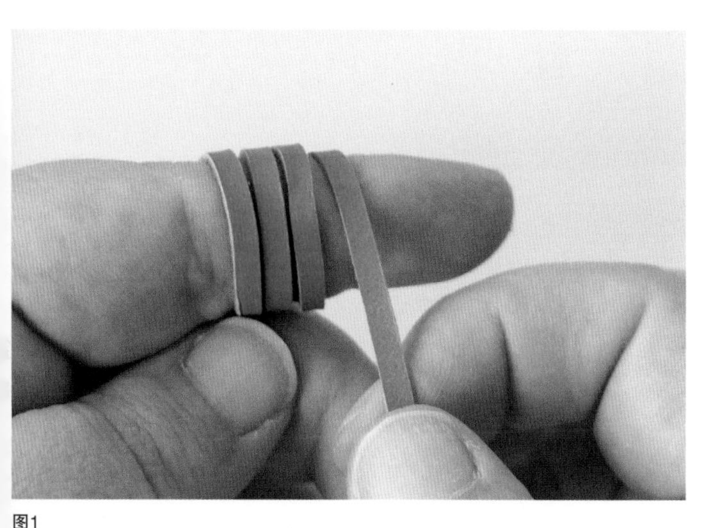

图1

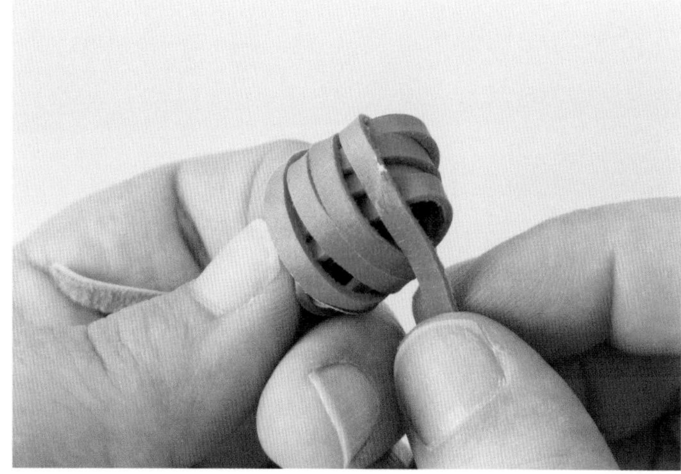

图2

图3

图4

5.从绳子的末端开始，收紧皮绳的每一部分。在珠子周围前后移动，就像系紧鞋带一样。你可能需要在珠子做好之前，把皮革拧紧两次，期间请不要放松。

6.提起皮革的两端。加少许胶水，把皮革紧贴在珠子上。按下两端，直到胶水凝固。

注意，珠子的洞会在皮绳的起点附近，不要把孔道给堵住了。

本期制珠商嘉宾

盖尔·克罗斯曼·摩尔

盖尔·克罗斯曼·摩尔是一位受过传统训练的艺术家，她通过制作各种各样材质的珠子来表达她的创作愿景。她用玻璃、纸和毛毡等材质的创作灵感来自大自然。盖尔是一位著名的教师，在世界各地教授她的制珠技术。

问：你的作品富有极强的色彩和质感。请问，你的艺术学习对你的珠子制作有什么影响?

答：这是个很难回答的问题。对我来说，作品的颜色、纹理、表面以及形式，当然是首先要突显出来的。正是这些材料天然的艺术特性让我想要包含新的材料，并与热、冷、闪亮、亚光、软、硬一起“舞蹈”。我的艺术学习让我能够流畅地处理各种材料。

问：豆荚和花朵是你作品中反复出现的元素。你是从大自然中素描出来的，还是在你的记忆中调取出来的?

答：我从来都不太喜欢照葫芦画瓢，我更愿意把原本的材料再次开发。我很少临摹任何已经存在的作品，除非它是大自然的铸造。豆荚及其生长形态已经深深地刻在了我的脑海里。

问：你有哪些方法可以更新你的创造力和寻找新的创意?

答：今年夏天，我在马萨诸塞州的普罗温斯敦，每天都试图捕捉日出或日落的景象。这是一个充满潜力的新时代的见证。我的手机为我的一些抽象绘画构思提供了很好的帮助。每天进行一次充实的实地旅行是我基本不变的安排。

问：制作系列作品或探索相同的主题如何帮助你成长为一名艺术家?

答：和许多艺术家一样，我的注意力持续时间很短。系列作品可以提供参数和连接部件的支柱，可以帮助我磨炼我的技能，开阔我的视野，并为某个创意添加丰富和多方位的内容。该创意无须在一个框架、珠子或对象中进行探索。每一件作品都可以为整体增添丰富个性的同时独立存在。

单元
06

钢丝

钢丝的基础知识

用金属丝制作珠子和吊坠，可以给你的珠宝带来现代感。你在创作时，也可以使用钢丝的颜色作为设计元素。

镀铜钢丝是最适合塑造的，它柔软而有延展性。不同的品牌会带给你不同的效果体验。我推荐使用帕拉钢丝，当弯曲和敲打时，涂层不会脱落。由于镀铜钢丝非常柔软，当用来塑形时，需要反复敲打使它变硬。

可以使用记忆剪线钳（在工艺品商店的珠宝区可以找到）或者一把旧的重型钢丝钳来剪断钢丝。同时钢丝也需要密封，以防生锈。

规格号越大，钢丝就越细。在这些实验中，19号或20号钢丝用于制作珠子和框架，26号钢丝用于装饰和包装框架。

LAB 50 仿珐琅螺旋珠

工具和材料

→ 深色退火钢丝
→ 卷尺
→ 钢丝钳
→ 钢丝棉
→ 纸巾
→ 微晶蜡（我用文艺复兴蜡）
→ 圆嘴钳
→ 链嘴钳
→ 半透明液体陶泥
→ 画笔
→ 压花粉
→ 带托盘的烤箱
→ 婴儿油

彩色压花粉可以增添深色退火钢丝框架上的一抹亮色。让压花粉粘在钢丝上的诀窍是使用液体半透明陶泥：陶泥可以成为压花粉的黏合剂。你可以在一家不错的五金店找到深色退火的钢丝。退火钢丝在使用前需要进行处理，以防止生锈，所以不要跳过第一步。

1.用钢丝钳剪断一段30.5厘米的钢丝。用钢丝棉摩擦钢丝的表面。用纸巾擦干净。用手指在钢丝表面涂上一层薄薄的微晶蜡。

2.用圆嘴钳夹住钢丝的一端。把你的手腕转向自己，把钢丝扭成一个螺旋（图1）。用链嘴钳两端夹住螺旋，继续转动钢丝，形成一个更大的螺旋（吊坠的雏形）。

3.用手握住钢丝，在钢丝外缘绕上第二排螺旋形钢丝；继续把钢丝绕在螺旋的外缘，再把钢丝插入螺旋的外侧，在不让螺旋（吊坠）变宽的情况下，把边缘拉长（图2）。

图1

图2

图3

图4

图5

4.当你的吊坠达到理想尺寸时，用钢丝钳剪断钢丝，留下1毫米的尾巴。用圆嘴钳抓住钢丝的末端，画一个简单的圆圈。把钢丝圈夹在两层钢丝之间（图3）。

5.用画笔在螺旋吊坠的外缘涂上一层薄薄的液体陶泥（图4）。

6.将涂刷过的螺旋边缘浸入压花粉中（如果有压花粉粘在螺旋的其余部分，记得用手指擦掉）（图5）。

7.预热烤箱至130℃长达10分钟。把螺旋放在烤盘上，放入烤箱15分钟。等到完全冷却，再加工处理。

8. 用婴儿油和纸巾清洁刷子。

LAB 51 钢丝鸟巢珠

工具和材料

- → 20号铜色钢丝，长101.6厘米（我用的是帕拉钢丝）
- → 牙签
- → 钢丝钳
- → 链嘴钳

用铜色钢丝缠绕包裹，可以创造出鸟巢形的珠子，还可以开启你的林中设计灵感。任何金属丝都可以用于这个实验，其中铜色钢丝柔软且可塑性更强。它有多种金属色，模仿黄铜、银、炮铜和紫铜的效果。

1. 从钢丝一端的7.6厘米处开始，将钢丝缠绕几次。不要把钢丝缠绕太紧。继续缠绕，直到出现一个2厘米的鸟巢底座缠绕着牙签。剩下的94厘米长的钢丝在鸟巢珠的另一端（图1）。

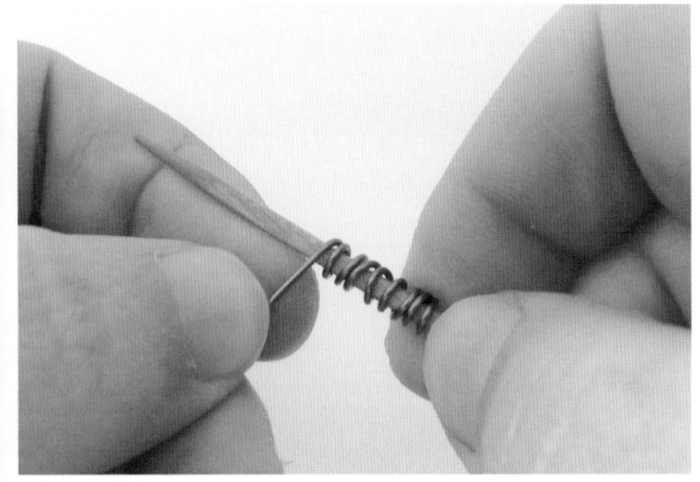

图1

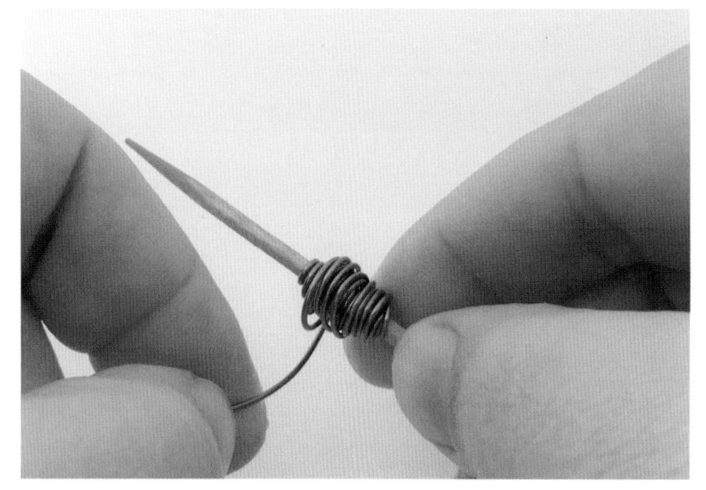

图2

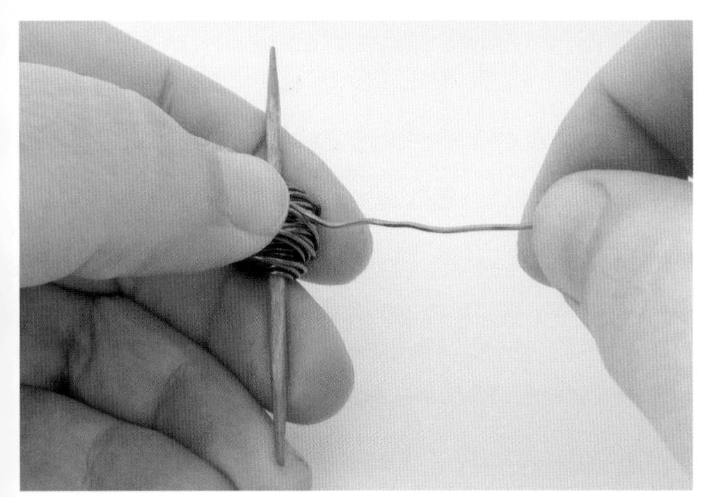

图3

图4

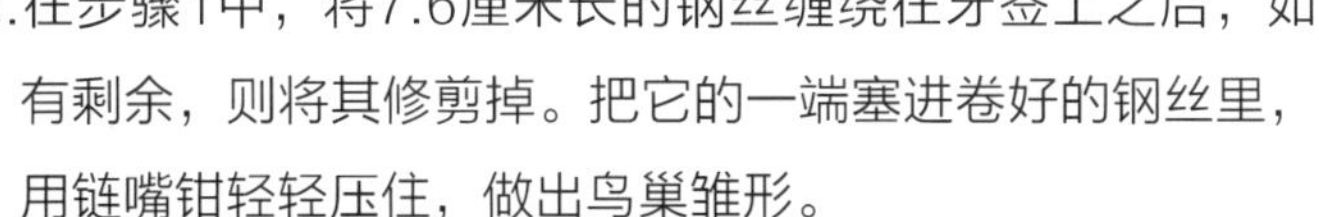

2.在步骤1中，将7.6厘米长的钢丝缠绕在牙签上之后，如有剩余，则将其修剪掉。把它的一端塞进卷好的钢丝里，用链嘴钳轻轻压住，做出鸟巢雏形。

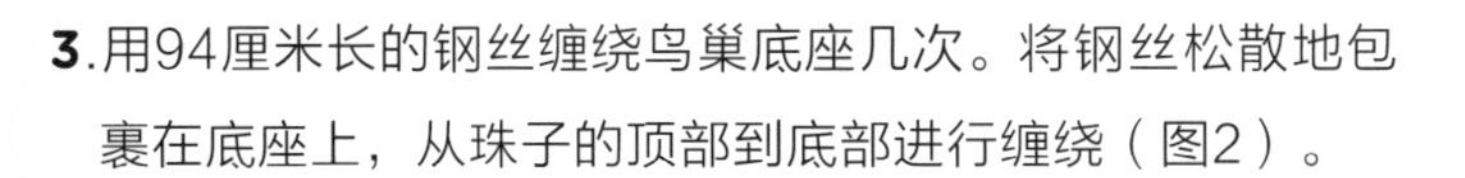

3.用94厘米长的钢丝缠绕鸟巢底座几次。将钢丝松散地包裹在底座上，从珠子的顶部到底部进行缠绕（图2）。

4.当你还剩下30.5厘米长的钢丝时，可以通过扭松它来改变其纹理质地。

5.用钳子从鸟巢珠中夹起这段7.6厘米长的钢丝，拧几下。从最后一点夹起这段7.6厘米的钢丝，再扭一次。重复，轻轻扭动，直至顶部。

6.将钢丝上下缠绕在鸟巢珠上，在创建鸟巢纹理时，重叠之前的几轮。把钢丝的一端塞进鸟巢珠里，然后修剪一下。把牙签上的鸟巢珠扯下来。（图4）

LAB 52 算盘吊坠

工具和材料

- → 钢丝钳
- → 尺子
- → 20号仿古黄铜色钢丝
- → 链嘴钳
- → 26号仿古黄铜色钢丝
- → 圆形钢制台座
- → 圆头锤
- → 150～200号种子珠

金属框上镶嵌着随机图案的小玻璃种子珠，创造出俏皮、引人注目的吊坠。用不同尺寸和饰面的珠子来尝试不同的外观。你可以制作不同大小的矩形架，形成吊坠，以满足珠宝设计需求。这些矩形架需要敲打以加固。你可以在任何出售珠宝的地方找到经济用的台座块和圆头锤。

1.用钢丝钳剪一段30.5厘米的20号钢丝。找到钢丝的中心，用链嘴钳把它弯成90°。从中心量起至2.5厘米处，再将钢丝向上弯曲90°，形成矩形的底部。从两端矩形的底部向上量5厘米，将钢丝的两边以90°的角度互相弯曲，形成矩形架的顶部（图1）。

2.在矩形的中心顶部，用圆嘴钳抓住其中一根钢丝的末端形成一个钢丝圈。用链嘴钳夹住线圈，将松动的一端用钢丝圈包裹两三次，使其固定在原位。将钢丝修剪整齐（图2）。

3.继续夹住这个钢丝圈。把第二根钢丝绕在钢丝圈下面，然后绕在其他钢丝圈上面。这样做两到三次，把钢丝上上下下包裹起来。把钢丝绕到矩形架后面，然后修剪一下。用带链嘴钳把钢丝的一端压到“包裹”里，这样它就不会夹住任何东西（图3）。

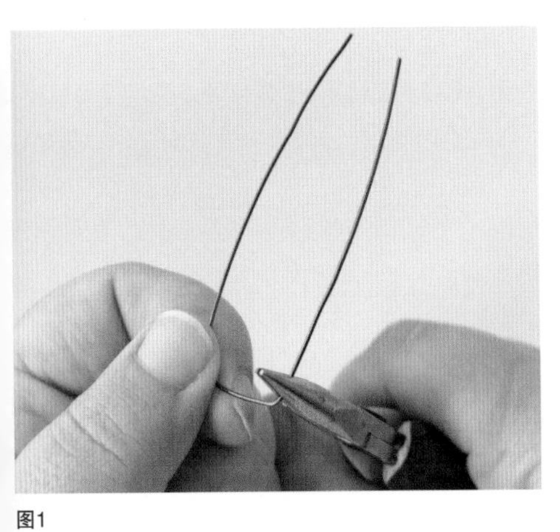
图1

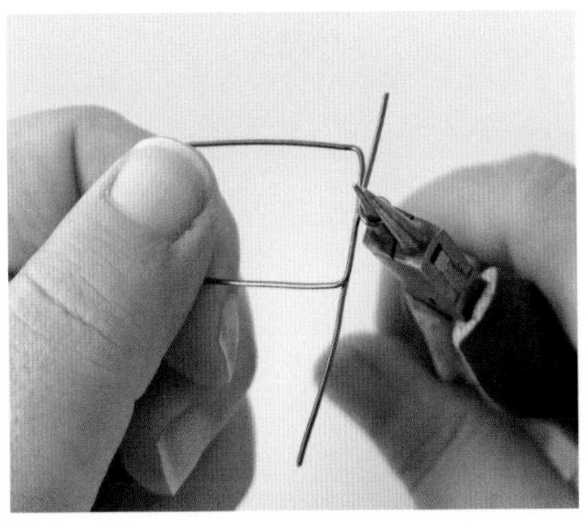
图2

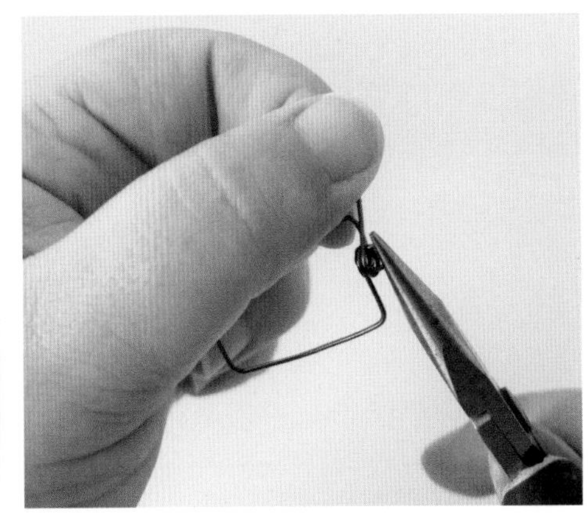
图3

图4

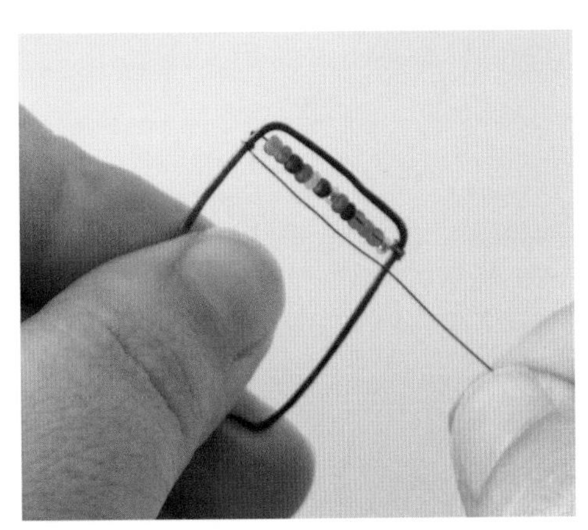
图5

4.把钢丝矩形架放在台座块上固定住，使钢丝圈和包裹部分悬挂在台座块的边缘。用锤子均匀地敲打矩形架表面。把矩形架翻转过来，在另一边重复锤击。把钢丝圈的尖端（不是包裹部分）放在台座块上，用锤子轻轻地敲打（图4）。

5.剪一段91.4厘米长的26号钢丝，在钢丝上串上61厘米长的种子珠。

6.从矩形架的底部开始，将26号钢丝的一端紧紧地缠绕在矩形架的一边三四次。让种子珠沿着钢丝滑到矩形架的宽度。把钢丝紧紧地拉到矩形架的第二边。把它绕在矩形架的第二边，绕过钢丝，再绕回来两次（图5）。

7.用钢丝穿过另一串珠子。把钢丝拉紧，回到矩形架的第一边，在钢丝上面和下面绕两圈。串珠状的钢丝总是从钢丝矩形架一边的下面出来，然后在另一边上缠绕起来。

8.继续添加一排一排的珠子，直至顶点。把钢丝紧紧地缠绕在矩形架上，缠绕三四次。修剪矩形架后面的钢丝。用链嘴钳把钢丝的末端紧紧地压在矩形架上。

give
fly
be the
change
love
life
brave

艺术家名录

珍・库什曼
www.jencushman.com

卡罗尔・德克・福斯
www.terrarusticadesign.com

伊芳・欧文福斯
www.myelementsbyyvonne.com

卡特・艾文斯
www.olivebites.com

克莱尔・蒙塞尔
www.stillpointworks.blogspot.com

海瑟・米利肯
www.etsy.com/shop/swoondimples

盖尔・克罗斯曼・摩尔
www.gailcrosmanmoore.com

丽贝卡・佩恩
www.treewingsstudio.com

史黛西・路易斯・史密斯
www.stacilouiseoriginals.com

相关资源

这本书中的所有材料都可以在工艺品店找到。大多数工具都可以从五金店买到。对于特殊物品和一般用品，请尝试下面列出的在线资源。

工具
www.acehardware.com

免费打印的图形
www.thegraphicsfairy.com

普通工艺品和珠子用品
www.hobbylobby.com
www.michaels.com

专业供应
陶泥和工具，以及收缩塑料
www.munrocrafts

酒精油墨、铜绿颜料、珠材、文艺复兴蜡、冰树脂
www.limabeads.com

酒精油墨、珠材、树脂和珠宝工具
www.fusionbeads.com

树脂、压花粉和边框
www.iceresin.com

钢丝及工具
www.etsy.com/shop/brendaschweder

日常的手工库存交易（橡皮图章、墨垫、酒精油墨、铜版画、绣花线和毡制品）
www.blitsy.com

制毡、树脂和珠宝工具
www.ornamentea.com

毡料及粗纱
www.outbackfibers.com

作者简介

海瑟·波尔斯在大约20年前发现了珠子，并在艺术学校学习绘画时开始创作可穿戴的艺术品。就像激励她的画家和诗人一样，海瑟把大自然作为她的灵感源泉，她把艺术学校的课程转化成珠子，以反映大自然的美。她最大的乐趣就是教导和启发他人的创造之旅。

海瑟经常为珠子杂志撰稿。她的博客“艺术珠现场”（网址：artbeadscene.blogspot.com）将她对手工珠子的热爱和艺术灵感带给世界各地的珠宝设计师。海瑟每年组织一次珠子巡游，并在全国各地的讲习班和静修会上授课。她是《来自大自然和美丽元素的珠宝设计》一书的作者。